**HANGJIA
DAINIXUAN**

行家带你选

和田玉

姚江波 / 著

中国林业出版社

图书在版编目(CIP)数据

　　和田玉/姚江波著. - 北京：中国林业出版社，2019.6
　　（行家带你选）
　　ISBN 978-7-5038-9976-8

　　I.①和…　II.①姚…　III.①玉石-鉴定-和田地区
IV.① TS933.21

　　中国版本图书馆 CIP 数据核字(2019) 第 047903 号

策划编辑　徐小英
责任编辑　徐小英　赵　芳　梁翔云
美术编辑　赵　芳　刘媚娜

出　　版　中国林业出版社(100009 北京西城区刘海胡同7号)
　　　　　http://www.forestry.gov.cn/lycb.html
　　　　　E-mail:forestbook@163.com　电话：(010)83143515
发　　行　中国林业出版社
设计制作　北京捷艺轩彩印制版技术有限公司
印　　刷　北京中科印刷有限公司
版　　次　2019 年 6 月第 1 版
印　　次　2019 年 6 月第 1 次
开　　本　185mm×245mm
字　　数　169 千字（插图约 400 幅）
印　　张　10
定　　价　65.00 元

和田玉俄料碧玉秋叶

和田玉标本·西周

和田玉青海料紫罗兰执壶（三维复原色彩图）

玉璧·西周晚期

◎前 言

和田玉是一种软玉，主要矿物成分为透闪石，它的化学成分是含水的钙镁硅酸盐。和田玉在概念上存在狭义和广义之分。狭义和田玉的概念十分清楚，指的就是新疆和田产的玉，从西到东，整个昆仑山北麓，绵延1000多公里都有见，以和田地区为中心最好的籽料产于玉龙喀什河和喀拉喀什河（“喀什”在维吾尔语中的意思就是玉石），同时且末、若羌等海拔5000多米以上的雪线上也有。狭义的和田玉概念同时也是古人所认为的和田玉，从商周时期便开始开采，秦汉以来，直至明清，是中国古代玉器文明当中主要使用的玉料。但在当代社会，和田玉的概念有所发展，产生了广义和田玉的概念。现代矿物学标准认为，只要主要矿物成分是透闪石的玉，另外，在硬度、密度、折射率、比重等各个方面与新疆和田玉基本一致的，无论它出产在哪里都可以定性为和田玉。即从物理标准上来认识和田玉。这样，和田玉不再具有地域概念，因此，在市场上不仅有和田玉新疆料，而且还有青海料、俄罗斯料、韩国料等。和田玉是自然界千百万年来的鬼斧神工，经过沧海桑田。和田玉玉质最为稳定，最适合雕刻，色彩丰富，成为软玉之王。仅从色彩上就可以分为羊脂玉、白玉、青白玉、糖玉、青玉、碧玉、墨玉等，犹如灿烂星河，群星璀璨。和田玉在我国很早就有见，商周时期和田玉进入中原地区成为主流，人们对其趋之若鹜，精品力作频现。如西周时期和田玉担当着玉礼器的重任。在西周虢国贵族墓地虢文公的墓葬当中，发现了数千年前的和田玉制品：墓主人口中含玉，眉目鼻口耳覆盖玉器，手中握玉，脚趾夹玉，满身都是玉。发现的玉礼器造型除了传统琮、璧、戈、圭、璋、璜等，还有大型的玉组佩，如七璜组玉佩。众多的玛瑙珠连缀着玉璜，挂于颈部达于膝下，与“天子九鼎八簋八鬲、诸侯七鼎六簋六鬲”的西周礼制契合，象征着权力与等级。这些玉器经鉴定均为上好的和田青玉制品，玉质细腻、温润，再加之精美绝伦的雕工，美至极致，震撼人心。实际上，不只是在西周时期是这样，自商代开始各个时代都是这样以和田玉为主，历代都有开采。但这样一来，新疆和田玉的资源也是越来越少，这一点从器物造型上也可以看到。中国古代和田玉是以小件为主，大型的器皿处于次要地位。当代和田玉则不存在这种情况，由于和田玉概念的广义化，加之开采能力的增强，广义和田玉在数量及体积上均达到了一个新的高度，市场上和田玉制品琳琅满目，大小兼备，和田玉原材的备料成

和田青玉碗（三维复原色彩图）·西周

为历史上最丰富的时期，为精品力作奠定了基础。由上可见，和田玉制品自产生之后就以前所未有的速度迅猛发展，在中国历史上产生了无以伦比的造型，如璧、璜、琮、玦、鼎、璋、圭、牌、挂件、把件、观音、弥勒、佛像、坠、福瓜、如意、龙、凤、貔貅、生肖、印章、戒指、镯、簪、鼻烟壶、项链、手串、手握、觿、带钩、山子、婴戏、多宝串、高士、花插、平安扣、隔珠、隔片、臂搁、瑞兽、葫芦、环、组合发饰、大型玉组佩、鱼、鹿、象、天鹅、蝉、蚕等，可谓是造型繁多。特别是当代和田玉制品，由过去王侯将相的专享到今日飞入百姓家，成为人们主要使用的饰品之一。

中国古代和田玉虽然离我们远去，但人们对它的记忆是深刻的，这一点反映在收藏市场之上。在收藏市场上历代的和田玉受到了人们的热捧。各种古和田玉在市场上都有交易，特别是明清时期在拍卖行经常可以看到其身影。由于中国古代和田玉是宫廷和市井都在佩戴和把玩着的饰品，特别是当代生产量规模巨大，是珠宝当中的中流砥柱，所以，从客观上看，收藏到古代及当代和田玉精品的可能性比较大。但由于和田玉价值比较高，在暴利的驱使下，作伪者趋之若鹜，这也注定了各种各样伪的和田玉频出，成为市场上的鸡肋。高仿品与低仿品同在，鱼龙混杂，真伪难辨，和田玉的鉴定成为一大难题。本书从文物鉴定角度出发，力求将错综复杂的问题简单化，以色彩、玉质、造型、纹饰、厚薄、重量、时代、雕工、打磨等鉴定要素为切入点，具体而细微地指导收藏爱好者由一件和田玉的细部去鉴别古和田玉之真假、评估古和田玉之价值，力求做到使藏友读后由外行变成内行，真正领悟收藏，从收藏中受益。以上是本书所要坚持的，但一种信念再强烈，也不免会有缺陷，希望不妥之处，大家给予无私的批评和帮助。

姚江波

2019 年 5 月

◎ 目 录

玉玦·春秋早期

和田玉青海料黄口料山子摆件

和田青玉珠〔三维复原色彩图〕·西周晚期

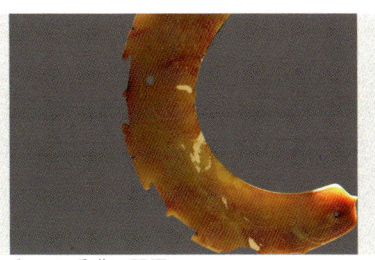

和田玉质璜·西周

和田玉青海料青玉碗（三维复原色彩图）

青白玉镯（三维复原色彩图）·清代

工艺精湛玉扳指 · 清代

第一章　质地鉴定

第一节　概　述

一、概　念

关于和田玉的定义问题，是一个相当复杂的问题，目前主要有两种观点。

和田青玉鹰·西周晚期

1. 狭义和田玉

《史记·大宛列传》载："汉使穷河源，河源出于阗，其山多玉石"。在历史上，和田玉的主要产地以新疆和田、于田、皮山县一带较为著名。像和田县黑山矿点，古代的白玉河、绿玉河、乌玉河指的就是这个地方。

精美绝伦的和田青玉戈·西周

做工精益求精玉琮·西周

目前产玉料最好的玉龙喀什河实际上就是古人所指的白玉河；而喀拉喀什河显然是古人所说的乌玉河。这两条河都是穿和田地区而过。实际上，"喀什"的名字也是因玉而来，"喀什"在维吾尔语中的意思就是玉石。河流之内主要出土籽料，是最为优质的原料。其次是于田县阿拉玛斯矿，有十几条矿脉，以出产白玉和青玉而著称，特别是白玉有一定产量。这是一个发现不是很久的矿，历史上开采很少，主要以近代人开采为主。另外，皮山县喀拉喀什河上游有一些

纹饰雕刻凝练玉佩·西周

和田青玉碗（三维复原色彩图）·西周

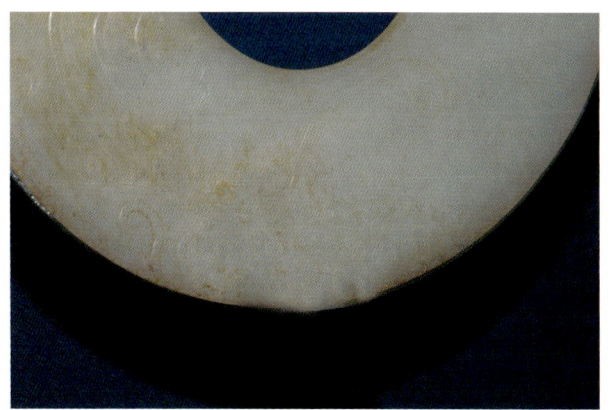

玉璧·春秋早期

优化和田玉新疆籽料把件

矿点。还有在塔什库尔干地区，在县城东南几百公里左右有一些矿点，主要产青玉。这个矿点古人基本上没有开采，主要是近几十年被开采过。其次是玛纳斯县的天山北麓有一些矿点，以青玉、碧玉为主。这些矿点古人开采量比较大。总的来看，新疆和田玉矿分布得还是比较广，矿点比较多。但由于历代开采过于频繁，目前要想发现新的、较大储量的玉矿非常困难。

实际上，和田玉的在新疆的产地很多，从西到东整个昆仑山北麓，绵延 1000 多公里都有见。如且末、若羌县等都有许多比较好的矿点。但一些矿点海拔比较高，在海拔 5000 多米的雪线上，比较难开采。狭义和田玉的概念，产地比较具体，这也是古人所认识的和田玉器，从商周时期直至民国时期都是这样。

和田玉标本·西周

和田玉白玉佛

和田玉青海料琉璃狮子拼合印章

2. 广义和田玉

　　现代矿物学标准认为，凡是矿物成分主要是透闪石等，另外，在硬度、密度、折射率等各个方面达到和和田玉相似的标准的软玉都是和田玉。这样，实际上是将和田玉的概念广义化了。不仅仅是新疆和田地区出土的透闪石类玉是和田玉。依据这个现代标准，在中国玉器市场上出现了和田玉青海料、俄罗斯料、韩国料、加拿大料、

和田玉鱼·西周

贵州料、四川料、辽宁料、台湾料等。实际上，广义和田玉的产地范围相当大，以上几处都是大家比较认可的。如果纯粹从矿物学的角度来看，产和田玉的地区和国家还有很多。目前以上这些地区所产的玉料都可以出和田玉检测证书。但这些和田玉在概念上是广义的。我们在鉴定时应注意到以上广义和田玉和狭义和田玉的区别。从数量上看，广义和田玉的数量已经大于狭义和田玉。从时代上看，广义和田玉产品以当代为主；狭义和田玉以古代为主。

和田玉青海料青玉平安无事牌

和田玉俄料白玉吊坠

二、脆 性

脆性是和田玉受到外界撞击作用后的反应。由于和田玉的硬度较大，所以在受到外界撞击后反应强烈，脆性比较大，如果是摔到地上多数碎掉。所以，对于和田玉而言保护尤为重要，鉴定时我们应注意体会其硬度与脆性之间的关系。

三、绺 裂

和田玉有绺裂的情况常见，这可能是其本身物理性质的影响。绺裂显然对和田玉的价值会有重大影响，所以在挑选原石时要特别注意绺裂的情况。一些看起来不是很严重的绺裂，如果处理不好，在开料时就会变得更为严重，价值会一落千丈。因此，在鉴定时观察绺裂，十分重要。和田玉成品之上很少见到绺裂的情况，但也要仔细观察，特别是体积比较大的器物之上要仔细观察。因为有的时候工匠在制作时没有绺裂，或者是绺裂不严重，但在产品做成之后由于受到外界的一些影响，绺裂就会很明显。如果疏忽就是一个大问题，鉴定时我们应注意分辨。

和田玉青海料黄口料山子摆件

和田玉青海料黄口料山子摆件

优化和田玉新疆籽料把件

优化和田玉新疆籽料把件

四、籽 料

和田玉籽料是指雪山上的原矿石由于种种原因滑落掉至河水之中，被洪水裹挟着滚动，经过碰撞、打磨、冲刷等的自然磨砺，去其糟粕取其精华，就这样在每年洪水暴涨期被反复的冲刷，经历千万年的岁月，最终被磨圆成为了卵形。和田玉籽料通常带有皮，皮色多种多样，如枣红、黑皮、秋梨、黄蜡等色都有见。这是由于其表面经常受到外界的侵蚀所导致。制作时将皮剥开就是璞玉的温润颜色。和田玉籽料主要产于玉龙喀什河和喀拉喀什河，从古到今不知出现了多少优质的籽料。籽料由于经过大自然的筛选，质地最为细腻。另外，俄料当中也有见；青海料当中籽料很少，为偶见。鉴定时应注意分辨。

五、山流水料

和田玉山流水料也是玉料落入河流之中，被泥沙裹挟、河水冲刷，搬运、磨砺，这个过程和籽料基本相似，只是在时间上还不够长，还没有能够来得及被磨成卵形而已。不过山流水料表面已经变得光滑。和田玉山流水料也主要产于玉龙喀什河和喀拉喀什河。另外，俄料当中也有见，鉴定时应注意分辨。

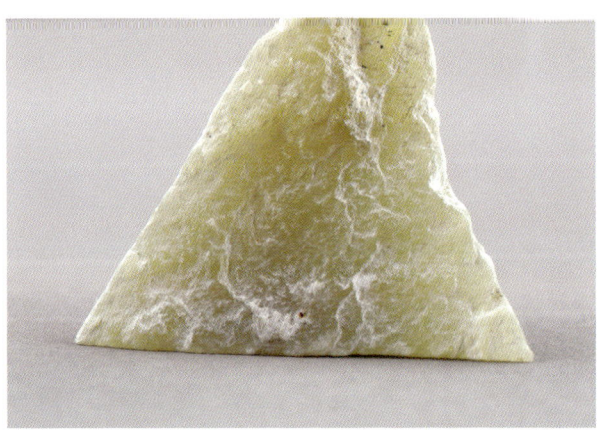

和田玉青海料黄口料山子摆件　　　　和田玉青海料黄口料山子摆件

六、山 料

　　和田玉山料就是山上的原石。这些原石矿多是在几千米的高山雪线之上，非常难开采。山料的形状类似普通的碎石块，大小不一，棱角分明，质量参差不齐，无皮色，油性比较差，需要打磨和制作。从品质上看，山料不及籽料和山流水料。产地比较多，除了新疆料外，青海料、贵州罗甸料、俄罗斯料、韩国料等都主要是山料，鉴定时应注意分辨。

虢国玉璧·西周

和田玉俄料碧玉秋叶

和田玉青海料黄口料辣椒

七、显微结构

　　和田玉的显微结构是纤维状结构，这是因为组成和田玉的主要成分——透闪石的晶体结构呈纤维状。纤维状越细长，玉质越好，质地越细腻；反之则质量差。另外，还有毡状结构、交织毡状结构等。具体的观察需要一些设备，也具有一些复杂性，但在初期鉴定时可以先用强光电筒观察一下，将结构非纤维状而是颗粒状的非和田玉剔除出局。

和田玉青海料、玛瑙组合手串

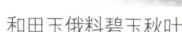

和田玉青海料黄口料山子摆件

八、硬　度

　　硬度是和田玉抵抗外来机械作用的能力，如雕刻、打磨等，同时也是和田玉鉴定的重要标准。和田玉硬度为 6～6.5，只要我们检测硬度就可以立刻洞穿真伪。但和田玉显然在硬度上也存在广义和狭义概念之分。许多在我们现在人认为不是玉的材质，但古人认为是同和田玉器一样是玉。所以，对于古代和田玉的检测应考虑到其特殊的历史属性。

和田玉青海料青玉雕件牌

和田玉青海料紫罗兰葫芦

和田玉青海料黄口料辣椒

九、透明度

透明度在和田玉鉴定当中十分重要，是指和田玉透过可见光的程度。和田玉在透光上特征非常明确，主要以微透明为主。透光的程度与色彩有关，白玉透光程度最好，青白玉次之，接下来是青玉、黄玉、碧玉、墨玉等。如果和田玉过于透明，那么显然它的透明程度可能有问题，可能是硅质类的广义和田玉。

和田玉青海料黄口料山子摆件

和田玉戈·西周

　　从厚度上看，通常和田玉透明度也会受到厚度的影响，厚度越大透明度越低，反之则比较好。

　　从时代上看，不同时代的和田玉器在透明度上特征较为复杂，这是因为古玉器沁色等原因所造成的。另外，埋藏环境中的腐蚀等情况也是影响其透明度的重要因素，总之，中国古代和田玉在透明度上特征比较复杂。

十、折射率

　　折射率是一个物理性质的数值，即光通过空气的传播速度和光在和田玉中的传播速度之比。通常，和田玉的折射率为 $1.61 \sim 1.62$。对于被鉴定的和田玉制品来讲，折射率是固定的数值，我们可以对比这个数值，看被鉴定物的数值是否在这个范畴之内。但这一数值对于和田玉显然只是一个参考，在鉴定时应注意结合和田玉在广义和狭义上的概念。

和田玉俄料碧玉镯（三维复原色彩图）　　　　和田玉青海料青玉镯

和田玉青海料青玉平安扣

和田玉俄料白玉吊坠

十一、手 感

　　人们用手触摸到和田玉时的感觉是不一样的，如温润、细腻、光滑等。手感虽然是一种感觉，但它却不是唯心的，它也是一种科学的鉴定方法，而且是最高境界的鉴定方法之一。当然通过感触学习这种鉴定方法时需要具备一定的先决条件：所触及的和田玉必须是真正遗址出土的标准器，而不是伪器。如果是伪器，则刚好适得其反，将伪品的感觉铭记心中，为以后的鉴定失误埋下了伏笔。而且对于作伪的古代和田玉来讲，在原料、切割、雕琢、打磨等诸多方面都可以按照当时的方法来进行。纹饰可以用电脑技术模仿得惟妙惟肖，各方面的技术指标都可以达到，但唯独就是感觉无法用电脑来完成。另外，和田玉在轻重上的感觉也是很难模仿的。由于和田玉的致密程度比较好，所以给人的感觉是非常的重，把件等用手掂有打手的感觉。从出土环境来看，不同的出土环境对于和田玉的手感影响比较大。如果腐蚀较大，可能在和田玉的表面会形成粗糙感；而对于埋藏环境比较好的而言，手感应该是比新玉更加温润。从油性感上看，不同产地的和田玉在手感上也不同。如新疆料在手感上较之俄料更加有油性感，而且这种油性感觉会随着盘玩的深入而越来越润；但是俄料随着把玩的深入会有涩感，这就是俄料与新疆料的主要区别。总之，手感对于和田玉的鉴定而言至关重要。如良渚文化玉器在手感上特征明显，细腻、光滑等，与看到的很不一致，有的时候看起来有绺裂和杂斑玉器，手感却非常好，这说明打磨得极为仔细，可见当时良渚文化对于玉器做工的重视。而目前作伪的良渚文化玉器显然不能达到这种水平。

和田玉青海料、玛瑙组合手串

十二、比 重

比重是鉴定和田玉的硬性标准。通常情况下，和田玉的比重为2.91～3.11，但它显然不是辨别和田玉的唯一标准，只是一个参考。比重是和田玉内部成分和结构的外化反应，内部结构越是细密，密度越大，比重也越大。从压力与密度上看，和田玉在致密程度上比较好，当我们用手掂标本之时，感觉很重，这主要得益于其内部良好的组织结构。由于古人对于和田玉玉质的认识比较宽泛，这也使得和田玉比重在各个时代变得十分复杂。

十三、玉 质

有关和田玉的玉质在中国古代比较复杂，这与古代玉器是广义玉器有关。凡是具有坚硬、通透、润泽、细腻等质地的美石都是玉，包括玉髓、玛瑙、岫玉、水晶、绿松石等，这种广义和田玉的概念在中国古代和田玉中占有主导地位。汉代许慎《说文解字》称玉为"石之美有五德"，所谓五德即指玉的五个特征，凡具温润、坚硬、细腻、绚丽、透明的美石，都被认为是玉。由此可见，古人玉的概念十分宽泛，和田玉就是这样被夹杂在其中，似乎是被时代洪流裹挟着发展。新石器时代就有见，商周以降，直至明清，直至当代狭义和田玉的概念才被现代矿物学所接受。确立了只有软玉才是玉的概念。总之，和田玉在中国古代玉器的发展上极具时代特征。

和田玉青海料白玉观音

和田玉青海料黄口料山子摆件

第二节 时代特征

一、红山文化玉器

红山文化的玉质应是就地取材。"通

玉龟·当代仿红山文化

过对比观察分析，可以判断红山文化玉器，

其玉材主要来源于岫岩，这一结论证实了新石器时期玉器的玉材来源应是就近取材的观点是正确的"（董树茂，2003）。 由上可见，红山文化玉器很明确，为东北当地产的岫玉。不过有一部分是透闪石玉，与和田玉可以媲美。新石器时代红山文化对于玉质的掌握已经达到了相当高的水平，在该时期的玉中，很多是透闪石质地。可见人们在没有任何检测手段之下就能通过外部的观察来进行判定。

红山文化玉猪龙·当代仿古玉

二、良渚文化玉器

　　良渚文化玉器玉质多来自当地，其中只有少量为软玉，大多数按照现代矿物学的标准不能判定为玉。这与良渚文化时期人们对于玉的认识有关。限于当时的情况，和田玉可能还不为人们所知。即使知道，由于部落过多，玉料基本上无法从新疆运到良渚文化地域。但从良渚文化成功地将仅有不多的透闪石玉质找出来，可见良渚文化对于玉质认识的深入，同时也可以看到良渚文化是选择了当时人所能认识到的最好玉质。我们不要以为良渚文化时期的玉器不是和田玉，硬度就很低，显然不是这样的。良渚文化玉器的硬度比较大，基本上都在 6 左右，可见是找到了在当时所认知范围之内最好的质地。我们来看一则实例，"璜　1 件（M4 ： 4）。黄白色玛瑙质"（苏州博物馆等，2000）。而我们知道，玛瑙的硬度特别大，硬度为 6.5 ～ 7。由此可见，良渚文化玉器在玉质上是多么的坚硬。实际上这与当代矿物学的判断标准是一致的。例如，我们现在石头硬到一定程度也就成为了宝石。当然，不只是硬度大的材质被找了出来，而且一些珍贵的材料也找到了。如江苏昆山市少卿山遗址出土了 5 件绿松石嵌饰，孔雀蓝色，非常迷人，而绿松石在我们现在依然是一种很珍贵的珠宝品类。

良渚文化玉琮·当代仿古玉

玉璧·当代仿良渚文化

单孔青玉铲·夏代　　　　　　　　　青玉铲·新石器时代

三、仰韶至龙山文化玉器

仰韶至龙山文化玉器鉴定中玉质不是很好，但它同样是判断玉器的基础。龙山文化玉器的玉质没有红山文化和良渚文化玉器的玉质好，软玉的数量少，玉质的概念较为广泛，玉料的取材十分复杂。龙山文化时期，中原地区较著名的玉质有蓝田玉，另外还有墨玉、蛇纹石、大理石、石英岩以及其他杂玉等。综观龙山文化玉器中的这些玉质，我们可以简单地看到它的基本特点，这就是玉料的取材主要来自当地或距离不远的地方。因为中原地区生产大理石，所以大理石就成了中原地区较常用的玉器玉质。可见仰韶至龙山文化玉器在玉料来源上还是比较丰富的。

四、夏代玉器

夏代玉器鉴定中玉质不是很好，和田玉不见，基本上延续龙山文化玉器的玉质特点，取材当地。夏代，玉质的概念较为广泛，玉料的取材十分复杂，有墨玉、蛇纹石、大理石、石英岩以及其他杂玉等。比较好的玉料偶有见，如独山玉和密县玉等。

玉镞·夏代

五、商代玉器

商代玉器的玉质是中原地区自新石器时代以来最好的。在玉料上，商代已经开始使用来自遥远新疆的和田玉，特别是商代后期大量使用和田玉。而我们知道，这些和田玉基本上都是软玉。和田玉的大量使用标志着商人对玉器玉质鉴赏能力的提高，从此和田玉成为中原地区玉器文明中最引人注目的一种玉质，就像人们提起红山文化玉器就会想起岫玉一样，和田玉成为中原地区玉器玉质的象征。和田玉硬度大，坚韧细腻，温润圆滑，质地纯净，是迄今为止最好的玉料之一。在商代，除了新疆和田玉外，还有许多的玉质，如河南南阳的独山玉，大理石和许多彩石玉等。只是到了商代后期，和田玉才占据主流。商代玉器玉质的产地，像独山玉以及彩石玉材，都可以说是取自当地。因为，商代盘庚迁殷以前的许多都城和殷墟，都距离产独山玉的地方不远，所以可以说是产自当地。而后来的和田玉器产于新疆，这说明商代玉器玉质的产地问题较为复杂。因为，既然遥远的新疆地区的玉料都能运来，那么，其余比新疆更近地方的玉料更能运到。所以，我们在看商代玉器玉质的时候思路要广，考虑范围要在一个更大的范围内。新疆玉器玉料来源的可能性，只有这么几种情况：一是大量商代车马坑的出现证明商代的交通已经较为发达，可以直接到新疆和田去取玉料。二是进贡而来。商代是一个强大的奴隶制王朝，有小国向其进贡和田玉的可能性也是有的。在商代的一些玉器上发现

绿松石环·商代

玉璧·商代

"王征"等，以及其他可以代表方国进贡的玉器，向我们说明着商代玉器玉料进贡的可能性。三是购买而来。商人好商，不管这些和田玉是怎样辗转到达商朝的，商人都可以买。综合这三种情况，本书作者认为，和田玉的主要来源应该是第三种——购买而来，原因就不在这里赘述了，我们知道这些有利于鉴定就可以了。如果商代玉器购买说成立，那么，商代玉器的玉质就有可能来自全国各地。因为，购买说明了当时已经形成了市场，而在市场上出卖的玉料，应该说是来自各地。商代的玉器制作也可以说是规模化了，王玉哲先生在《物质文化史》一书98页指出，"安阳小屯村曾发现商代晚期的玉石作坊遗址，在其中半地穴式房基中出土有6000多块圆锥形半成品玉器和200多块砺石，以及少量经过加工的玉料和玉鳖、玉龟等圆雕制品"。这说明商代有了专门的对玉料加工的作坊，而且作坊的规模还不小。这些作坊大多存在于殷墟或是大城市附近。另外，我们还可以看到商代玉料在质地上的多元化趋势。有上好的和田玉，但也有类似于砺石的质料。至于商人对玉质的概念更广，广到连精美的骨器和蚌器也被人们看成是玉，关键是看其功能需要而选用玉料来制作玉器。我们根据以上可知，商代玉器是先有作坊加工成玉料后，然后再根据玉料的质地，看适合加工成什么玉器，才最后加工成一件完整的玉器。故我们在鉴定商代玉器的时候要善于倒过来思维，看到玉器玉质的本来面目，这样有利于我们对玉器的玉质进行鉴定（姚江波，2009）。与此同时，商代玉器在玉质上有了质的飞跃，它打破了中原地区玉器文明中不重视玉质的传统，而且寻找到了一种真正的玉料——和田玉。但同时我们也要看到，商代玉器传统延续的力量依然很强大，除了和田玉之外传统玉料的力量依然很强大，在商代玉器之中占有重要地位。另外，我们还要注意到商代早期和晚期的差别。在商代早期，实际上玉器文明犹如夏代一般，但中晚期则迅速发展。

锋呈近等腰三角形和田玉戈·西周

六、西周玉器

　　西周时期玉器的玉质，延续了商代玉器玉质的特点，以使用和田玉为主流。西周时期的高级贵族墓葬中出土的玉器大多数都是和田玉质。如虢国墓地出土的玉器就是这样。当然，西周时期诸侯级以上的大墓葬发现的并不多，主要有张家坡西周墓葬、燕国墓地、晋国墓地等一些墓葬，西周时期的天子陵寝目前还没有发现一座。况且这些墓地或遗址出土的玉器也不是很多，所以，西周时期的玉器状况我们客观地讲还不是太清楚。目前，保存最为完整的西周虢国贵族墓地，在 1990～1991 年的发掘当中出土了许多玉器，可以说明很多关于西周时期玉器玉质的问题。但是，目前这批国宝的资料整理出来的不多。1999 年出版了《三门峡虢国墓》发掘报告，这本书主要是将一号国君墓和五号国君夫人墓以及一些小墓葬和被盗墓的报

仿红山文化玉龙·西周晚期

虢国墓出土玉鹦鹉·西周

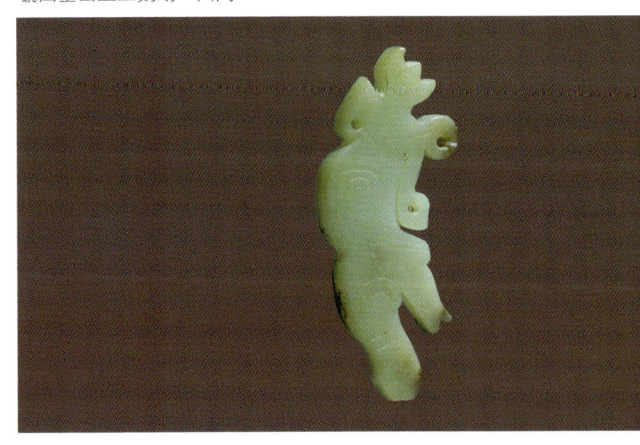

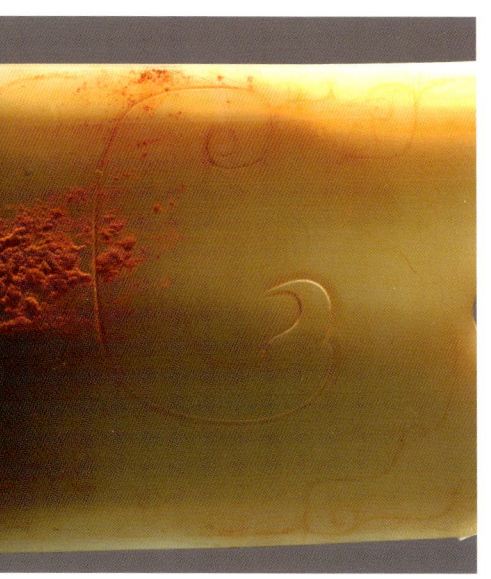

虢国玉戈（局部）·西周   和田青玉鱼·西周晚期

告公布，大约有上千件玉器。这些资料的发表，为我们解开西周时期的玉器文化之迷提供了钥匙。实际上，从虢国墓地出土的玉器中，我们完全可以看到西周玉器的全貌。因为，虢国墓地出土玉器是西周玉器的一个缩影。虢国玉器的质地主要有：青玉、斑杂状青玉、角砾状青玉、青玉的玉根、青玉的玉皮、青白玉、白玉、碧玉、墨玉、岫玉、砗磲（贝壳）、琉璃（料制品）、绿松石、玛瑙、水晶等。根据矿

和田青玉执壶（三维复原色彩图）·西周

物学软玉概念，属于软玉的虢国玉器有青玉、白玉、碧玉等，经 X 光等科学鉴定都是由透闪石类矿物集合体构成。那么还剩下的几种玉质岫玉、砗磲（贝壳）、蚌器、琉璃、绿松石、玛瑙、水晶等，即不属于硬玉，也不属于软玉，这些质地的物质，硬度、比重达不到现代矿物学玉质要求，如岫玉主要成分是蛇纹石，硬度为 2 ～ 5 度，比硬玉和软玉的硬度分别小了 4.25 ～ 2 度和 4 ～ 1.5 度，不能称为玉。对于这些质地的物质，本书中称之为玉石。通常也可以直接称" 岫玉 "" 砗磲 "" 水晶 "，等等。综上所述，虢国玉器的玉质种类共有 15 种，其中绝大多数为软玉制品，而且以国君墓出土的玉器玉质较好，都是现代矿物学所认可的。而一般贵族墓出土的玉器玉质则较差。可见虢人已能够分辨玉质的优劣，相信虢人已有了对玉器玉质的认识和分类，只不过当时的定名和现在的定名对不上号罢了。正如许慎在《说文解字》中列出的许多古代玉器玉质的名称，我们现代人无法得知一样。结合当时历史还可以看出，促使虢人对玉器玉质进行深入研究的内在原因，可能是受周代用玉等级制度的影响。

由以上虢国玉器我们可以窥视到西周玉器玉质的主流是软玉制

温润的和田玉·西周

玉组佩·西周晚期

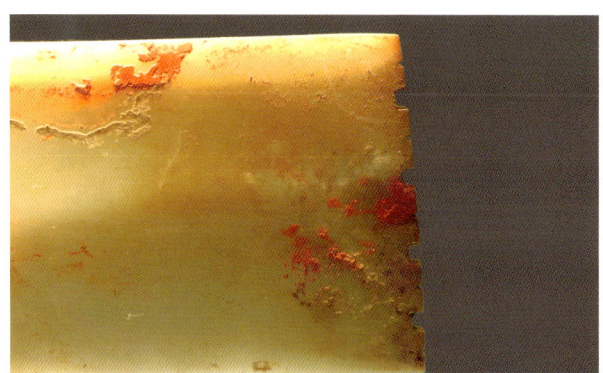

做工精益求精玉戈·西周

和田青玉蜻蜓·西周晚期

品，国君墓葬随葬品则绝大多数是和田软玉制品。在这一点上，可谓是比商代更进一步。但是，我们也不难看到西周时期的玉器，还继承了自新石器时代龙山文化时期便有的中原地区特有的玉器玉质的观念，即开创性地发展了玉器文化的概念：不止软玉制品是玉，而且，许多不是软玉制品的玉料，在人们的心目中也一样是玉，这一点在西周时期也被发展到了极致。

龙山文化玉璋·新石器时代

和田玉虎·西周晚期

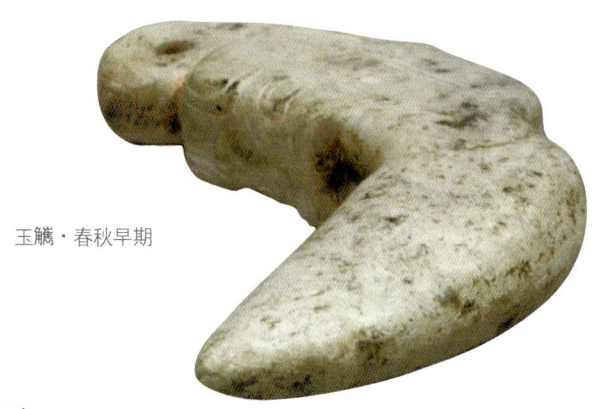

玉觿·春秋早期

七、春秋战国玉器

从玉质上看，春秋战国玉器的玉质十分丰富，"战国时期王侯用玉多使用和田仔玉，玉质细腻温润，光泽晶莹，青白色较多，偶见白玉。中小贵族均用地方玉材，是一些价格较低的本地或相距不远之地的美石"（杨伯达，2002）。由此可见，春秋战国时期玉器在玉质上优劣参半。另外，我们还可以看到春秋战国时期的玉质也是较为广义上的概念。我们来看一组实例，"玛瑙珠1件（M535：11）。肉红色，莹润滑腻。算珠形，孔眼对穿而成。外径1.4、内径0.2、厚1厘米"（中国社会科学院考古研究所洛阳唐城队，2002）。由此可见，玛瑙在春

云纹玉璧·春秋早期

秋战国时期也算作是玉。我们可以看到，这件玛瑙珠制作精良，造型美观，在做工上应该是精益求精，其本意绝不仅仅是在做一件石器。再来看一组实例："水晶管 5 件。按其形状，可分二式。Ⅰ式：1 件（M535 ： 12）。无色透明，莹润。圆管状，边缘略残，中段有 1 节，有穿。长 4、外径 0.6、内径 0.4 厘米。Ⅱ式：4 件。无色透明，莹润。橄榄形，有穿。长 1.3、外径 0.35 ～ 0.5、内径 0.15 厘米"（中国社会科学院考古研究所洛阳唐城队， 2002）。由上可见，水晶在春秋战国时期也是重要的玉质品种。我们可以看到，仅仅是这个墓葬当中，就随葬了不同形制的 5 件水晶管，这足见水晶制品在春秋战国时期数量众多，也可见墓主人对其的珍视。另外，在春秋战国时期其他不同质地的玉质还有很多，我们就不再一一赘述。但由以上我们已经可以看到，春秋战国时期玉器玉质在概念上的宽泛性。

组玉佩·西周晚期

组玉佩·西周晚期

组玉佩·西周晚期

八、汉唐玉器

汉唐玉器的玉质多数较好，以白玉为多，多为灰白色玉。较好的软玉制品产自新疆，也有其他地方的一些软玉制品，但数量很少。另外，汉唐时期十分讲究玉器的广义性概念，正如汉代许慎《说文解字》称玉为"石之美有五德"，所谓五德即指玉的五个特征，凡具温润、坚硬、细腻、绚丽、透明的美石，都被认为是玉。由此可见，汉代对于古玉器概念的宽泛。同样，唐代也是这样。实际上，许慎的这段话就是汉唐玉器在玉质上的生动写照。通常来讲，除了玉之外，还有玛瑙、绿松石、琥珀、水晶、琉璃等汉唐时期都被纳入玉器的范畴。我们来看一则实例："琥珀印章 M5 ： 83，龟形钮，方印。印文为篆书刻的'黄昌私印'。宽 1.3、高 1.4 厘米"（广西壮族自治区文物工作队等，2003）。这是一个十分稀奇的印章，因为它是用琥珀做的。一般情况下，我们所认为的石印章都是玉的，而在汉代，人们认为琥珀的印章同样是精美的玉质品。所以我们才能在今天看到这

玉兽谷纹璧·汉代

环形镂空玉佩·汉代

玉璜·汉代

个汉代人用琥珀刻成的私人印章——"黄昌私印"。从该墓出土玉印章作为私签的情况来看，在汉代用玛瑙刻印章的情况应该较为普遍。同样琥珀在唐代也非常流行，我们也来看一组实例："玛瑙珠1枚（M1：6）。棕色带褐黄色，半透明。管状，中间稍粗，穿细孔，表面略微磨光，加工不精。直径0.6～0.7、长1.2、孔径0.1厘米。螺串饰2枚。M1：7，已残，仍可辨识。白色，以小螺壳磨孔而成，可能与玛瑙珠同为一串。长1.2、径0.8厘米"（中国社会科学院考古研究所四川工作队等，1998）。由此可见，在唐代，玛瑙同样流行，人们将玛瑙制成各种各样的装饰品，或者作为大型串饰的组件供串系之用。而上面的这件玛瑙珠就是这样一种用

途。另外，从第二个实例来看，我们可以看到，在唐代，螺壳也被当成了玉器。螺壳和玛瑙珠共同组合成为串饰，这在我们现在是不可思议的事情，但在汉唐时代就是这样。虽然我们在思想上有一些震荡，但是我们不能回避它。另外，在汉唐时期还有相当多不同质地的广义玉雕作品如水晶环，在这里就不一一赘述。我们在赏玩时应注意分辨。

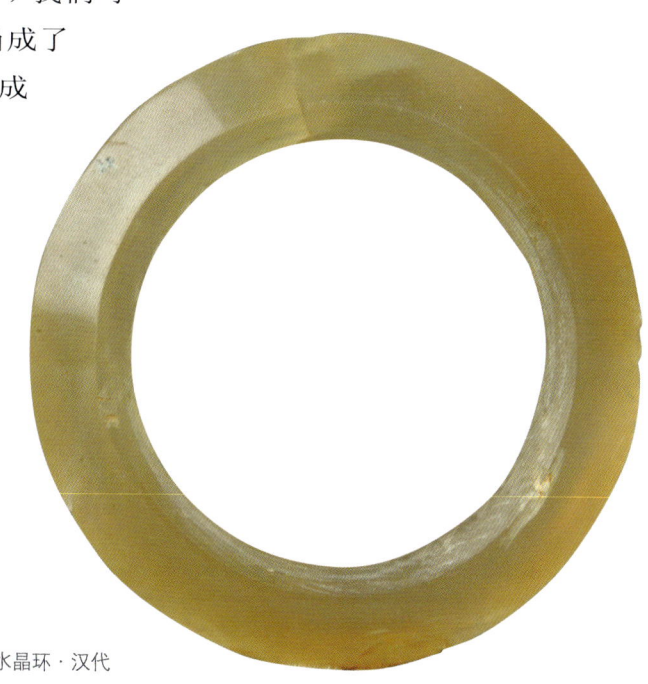

水晶环·汉代

九、宋元玉器

宋元玉器的玉质分为两个极端，一种是玉质比较温润，手感滑润、晶莹透亮，细腻、无杂质，这样的玉器在宋元时期相当普遍。还有一些玉石质地较差，主要是疏松，硬度不够。当然，这样的玉器不是软玉制品，只不过是色彩上还可以，所以被拿来琢玉。我们在赏玩时要注意分辨。但这只是宋元时期自我相比，如果与其他时代相比较，宋元时期精致的玉器玉质也不算很好。另外，宋元时期玉器玉质的概念也是十分宽泛。我们来看一则实例：玛瑙器"共2件。均为圆柱形管，表面抛光，呈深红色。M1：15-1，较粗。长5.5、直径0.8、孔径0.2～0.3厘米。M1：15-2，较细。长5、直径0.6、孔径0.15～0.2厘米"（中国社会科学院考古研究所内蒙古工作队等，2003）。我们可以看到这个墓葬当中只随葬了这两件玉器。由此可见，宋元时期玛瑙依然被人们认为是玉，甚至一些石质的材料在宋元时期也被认为是玉。如在宋元时期发现了很多石质的印章等。以上就是宋元玉器在玉质上的一些主要特征。我们在赏玩时应注意分辨（姚江波，2006）。

白玉带钩·清代

青玉带钩·清代

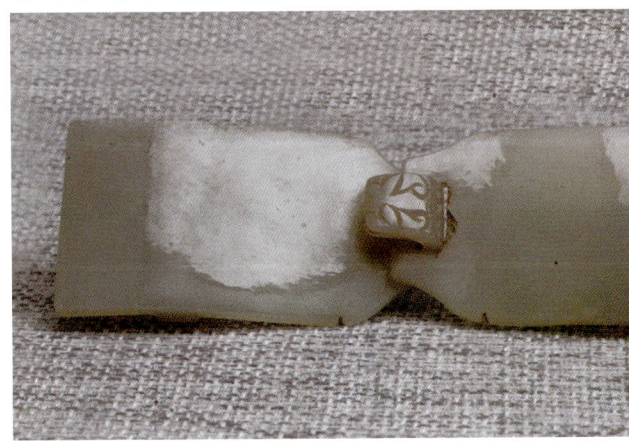

玉蟾蜍·清代

墨玉龙首带钩·清代

十、明清玉器

　　玉质在玉器中的地位足以影响到其造型、纹饰的优与劣。明清时期玉器玉质一般情况下讲较优，很少有粗糙的玉器存在，只是偶见有玉质很差的玉器出现，多见于明末和清末，以及仿古玉的玉质。但明清时期玉器的玉质又是复杂的，玉质种类繁多，玉质色彩丰富，异常绚丽多彩。明清玉器主要使用软玉，以新疆和田玉为主，常见的有白玉、青玉、墨玉、碧玉，以青玉和白玉为最常见，鉴定时应引起注意。从非软玉类制品看，硬玉常见，如翡翠已成为人们生活当中不可缺少的玉制品。还有如独山玉、蛇纹岩玉、蓝田玉、玉髓、玛瑙、黄玉类宝石、孔雀石、水晶、琥珀，等等。这些玉器玉质的出现，说明了明清玉器依然坚持广义玉器概念，不认同我们现代矿物学所认为的只有含角闪石的软玉制品才是玉。由此可见，明清玉器是既重视软玉制品，也重视其他质地玉质的。

工艺精湛玉扳指·清代

和田玉青海料黄口料山子摆件

十一、当代玉器

　　当代玉器在玉质上非常好，基本上集中到了和田玉一种。和田玉几乎成为了软玉的代名词。一提到玉器，人们也就想到了和田玉。如果有人讲玛瑙是玉，或者绿松石是玉，在我们当代显然是很可笑。可见古代广义玉器的概念基本上已经荡然无存。但值得注意的是，和田玉的概念在当代有些变化，目前和田玉已经不是地域上的概念，不是说只有新疆和田的软玉才能称之为和田玉，而是俄罗斯、青海等地的一些玉料也可以称之为和田玉，因此就有了俄料和青海料之说。因此，如果你要买的是新疆和田玉，那么你在购买时一定要事先声明。总之，这些新的特点我们在鉴定时要注意分辨。

和田玉青海料白玉平安扣

和田玉白玉佛雕件

和田玉俄料碧玉秋叶

和田玉青海料黄口料辣椒

第二章　和田玉鉴定

第一节　品类鉴定

一、白 玉

　　白玉是和田玉器当中最为常见的一种色彩。但所谓的白玉并不是色板一样的白色，而是以白色为基调的诸多色彩。如羊脂白在白玉当中就非常著名，像羊脂一样的白色，色彩纯正。另外，还有见略带乳黄、淡青、灰绿等色的白玉。但是这些色彩一旦形成都是非常稳定。如通体都是白色略泛乳黄的色彩，没有偏色等。从时代上看，白玉无论在古代还是当代都十分流行。但是从数量上看，当代白玉显然比古代白玉多。当代白玉达到历史之最盛。鉴定时应注意分辨。

和田玉俄料白玉吊坠

和田玉俄料白玉带糖执壶（三维复原色彩图）

和田玉青海料白玉平安扣

和田玉白玉佛

二、糖 玉

　　糖玉，顾名思义就是像糖一样的颜色。糖玉也不是色彩学上的概念，是视觉意义上的概念，其判断的标准是视觉。这种色彩变化也比较丰富，不同地区出土的糖玉在色彩上也有区别。如和田糖玉色彩比较淡，通体有一个渐变的过程；且末糖玉焦糖色见偏红、偏青等；俄罗斯糖玉偏焦糖色、偏红；叶城糖玉偏灰等。由此可见，糖玉在色彩上渐变较为浓重。从时代上看，古代和当代都有见，只是商周时期人们对于色彩的分类没有这么细，糖玉基本上被包含在白玉或青白玉之中。因此主要以当代糖玉作品为多见。

三、青　玉

和田青玉在色彩上较为纯正者有见，渐变色彩的情况也有见。但总的来看，青玉在色彩上还是比较稳定，也是和田玉当中所见色彩最为普遍的一种，无论是古代还是现代看，数量都比较多。从时代上看，青玉在古代是最多的一种色彩，青玉出现在高级贵族墓葬当中，如在河南三门峡虢国墓当中使用最多的就是青玉。而当代青玉并不像白玉那样被人们所认可，青玉的地位明显低于白玉。从数量上看也是这样，古代青玉多，而当代白玉作品更丰富。

四、青白玉

青白玉在色彩上比较清晰，是介于青玉和白玉之间的一种色彩。这种色彩在和田玉之上比较稳定，偏色很少。从时代上看，青白玉在古代是最为贵重的色彩之一。从大量出土于国君级大墓当中的玉器来看，青白玉为上；而当代则不是这样，青白玉的地位远不如白玉，这一点从数量上也可以看得很清楚。

和田玉青海料琉璃狮子拼合印章

和田玉青海料黄口料辣椒

和田玉戈·西周

五、黄 玉

　　黄玉不是一种单色，但其色彩并非是像其名称那样的色彩学上的色彩。黄玉的优者纯黄色，非常漂亮，但多数是伴随着黄绿、青黄、浅黄、深黄、米黄、灰色等渐变色彩。由此可见，衍生色彩十分丰富。实际上，和田玉黄玉就是一个衍生的色彩体系，我们在鉴定时应注意分辨。从时代上看，黄玉在古代也是一种较为名贵的色彩，在国君级的大墓当中经常有见。而在当代，黄玉的色彩并不被认为特别好，在唯白的时代，黄玉被挤压到了一个狭小空间。从数量上看，在当代，黄玉的数量远比白玉少见。

和田玉俄料碧玉秋叶

六、碧 玉

碧玉在和田玉器中十分常见。碧绿的颜色，或者菠菜的色彩，油脂的光泽，看起来使人心旷神怡。新疆料里面常见一些黑点；而其他地区所产的碧玉黑点不明显。这种玉器在古代比较流行，当然当代也有见，但在地位上不如白玉和青白玉等，在数量上也不如白玉多。

七、墨 玉

墨玉是由于暗色矿物侵入所导致，黑点多呈现出斑块或星星点点状分布，色彩不一，有的漆黑，有的发灰，或者黑白相间。和田玉当中的墨玉用强光手电照射时，通常边缘可以泛出绿色的本色。以墨色纯正者为优，反之依次优质程度降低。从时代上看，墨玉在古代和当代似乎都不被人们所欣赏，其数量不多。

和田玉俄料碧玉秋叶　　　　　　　　　和田玉青海料墨玉平安无事牌

和田玉青海料白玉带翠观音　　　　　　　　　和田玉青海料白玉带翠观音

八、烟　青

　　顾名思义指烟灰色、灰紫色等的一类和田玉。这类色彩在古代实际上是归于青玉范畴之内的。近些年来多见一些灰紫色品种，这类品种，渐变色彩比较浓郁，但就是以这样的色彩为美。从时代上看，古代并不推崇这样的色彩，在古玉当中很少见；只是在当代烟青逐渐获得人们的青睐，几乎成为一个独立色彩品种。在当代玉器当中常见，以青海料当中最为常见。

九、翠　青

　　顾名思义就是像翡翠一样的青色，只不过这种青色是出现在和田玉之上。通常情况下，青海料当中比较常见。单独的大器很少见，通常是附着在白色的玉质之上，有一块翠青玉，青绿色与白色遥相呼应，对比强烈，视觉效果清新、雅致，非常漂亮。一些被制成俏色玉，很受人们青睐。从时代上看，古代很少见此类玉，因为古代人们认为青海料不是和田玉，但是在当代比较常见。

和田玉青海料白玉观音

和田玉青海料青玉辣椒

十、青 花

青花的色彩比较明确，即和田玉当中黑白相间的色彩，人们将这类色彩约定俗成为青花。当然，青花的概念最早是在唐代才产生的，所以在古代青花的和田玉十分少见，并不推崇青花的色彩；只是在当代人们才对这种色彩关注比较多，赋予了其很多内涵，这样才比较流行。但是，目前有很多人还是接受不了它。这一点我们在鉴定时应注意分辨。这种玉器以新疆和田所产为主。

第二节 特征鉴定

一、光 泽

光泽就是物体表面反射光的能力。和田玉在光泽上的表现都比较好，主要特点是非金属玻璃光泽，油脂光泽浓郁，色彩淡雅、温润。但是古代和田玉则是表现出复杂的特征。这主要是由于受沁程度的不同，光泽在程度上表现不一，严重者光泽会消失殆尽。但通常情况下，不刺眼，温润、更加柔和。

二、吸附性

吸附效应鉴定原理利用的是自然界宝石类的物理现象，对于和田玉也有效，即热电效应。其核心点是，天然和田玉受到加热后所产生的电压能够吸附灰尘；而人工合成的和田玉则不会产生这种物理现象，到时候真伪自然洞穿。这种鉴定方法不需要特别的设备，柜台内的和田玉在受到太阳光或灯光的照射时，所产生的热度就可以了。这些热度使和田玉产生电荷，从而可以有效地吸附柜台内的灰尘。我们只要观察其吸附性就可以判定真伪。

和田玉青海料青玉平安扣

和田玉青海料青玉平安扣

和田玉俄料碧玉秋叶

三、纹 饰

和田玉比较适合于纹饰雕琢。纹饰从商代开始直至明清时期都比较繁荣。常见的纹饰题材主要有：花卉、叶脉纹、人物、瑞兽、瓜果、龙、凤、鹿、虎、鹊、雀、鹤、龟、雁、孔雀、鹅、鹦鹉、生肖、侍女、八仙、几何纹、婴戏、诗文、山石、观音、弥勒等都有见。和田玉的玉质硬度大，雕琢起来难度很大，必须使用比和田玉硬度更大的材料。所以，在古代很多玉工匠都是世代相传，从很小就开始雕刻玉石，一般要有几十年的功力，雕刻出来的纹饰，线条才能流畅、挺拔、刚劲、有力。而我们现代的仿品往往达不到这样的水平，所雕出的纹饰，很多歪歪斜斜，看起来功力与古玉相差很远；偶见有精

和田玉青海料青玉雕件牌

和田玉青海料紫罗兰葫芦

和田玉青海料白玉带糖色鱼　　　　　　　　和田玉青海料白玉带糖色鱼

品。另外，机制纹饰在工艺上雕刻的每一根线条基本都相同，缺乏生气，这样也给我们辨伪留下了渠道。总体来看，早期古代和田玉还是以玉质和造型取胜，虽然很重视纹饰，但显然不是以纹饰取胜，纹饰更多的情况是为了配合造型和玉质取胜的手段。这种倾向其实对于当代和田玉依然还有影响，我们在鉴定时应注意分辨。

和田青海料白玉观音

虢国玉璋·西周晚期

四、玉礼器

玉礼器是权力和地位的象征。

工匠们不计工本地将和田玉礼器琢磨
得近乎完美，质地优良、做工精湛、打磨仔细、造型隽永，以契合
礼制的要求。玉礼器在新石器时代古拙和田玉文明当中既已达到巅
峰状态。当然，在那个时期的玉礼器文明当中，和田玉使用得还比
较少，软玉的概念只有在红山文化和良渚文化当中有见，其他文化
当中很少见。夏代，在中原地区和田玉文明当中还很少见，但在商
代已经是比较常见，也十分鼎盛，至西周晚期达到巅峰。河南三门
峡虢文公墓葬中数千件玉器基本都是和田玉，很少见到其他的玉质，
可见和田玉在当时的鼎盛程度。不过，在西周晚期礼制崩溃之后，
玉礼器衰落了。

和田玉青海料青玉平安扣

五、陈设装饰玉

　　陈设装饰玉其实很早就有，但是作为开启一个玉器文明时代的时间是在春秋早期。和田玉春秋时期开始进入失去周礼约束，在功能上以陈设和装饰为主的时代，而不是像过去那样是权力的象征。这一时期的和田玉实用性增强，同时在装饰功能上也有所增强。通常是将实用、装饰、陈设等功能融为一体，设计和制作玉器。玉礼器时代精益求精、一丝不苟，以及许多工艺技法等被陈设装饰玉继承和发展。直至我们今天依然处于陈设装饰玉器的文明时代。

和田青玉琮·西周

和田玉青海料、玛瑙组合手串

六、精致程度

　　和田玉在精致程度上特征明确，以精致为显著特征，这一点无论从商周时期的玉器来看，还是当代玉器来看都是这样。这主要是因为和田玉的玉料十分珍贵，而且玉料的来源无法预期。每年的洪水不一定能够从白玉河和乌玉河冲出多少和田玉来。所以，对于和田玉的制作，历代的工匠们都是极尽心力。但普通、粗糙者也有见，只是在数量上比较少，特别是粗糙者几乎为偶见。另外，从礼制崩溃的时间上看，也是一个节点，就是礼制崩溃之前的和田玉几乎没有普通和粗糙者。由于涉及权力和等级，所以在礼制的约束之下几乎所有的和田玉都是精美绝伦之器。但是在西周晚期礼制崩溃之后，陈设装饰化的玉器虽然基本上还是以精致器皿为主，但是由于失去了礼制的约束，普通和粗糙的器皿随时有可能出现。这一点我们在鉴定时要注意分辨。

和田玉青海料白玉辣椒　　　　　　　和田玉青海料青玉手镯

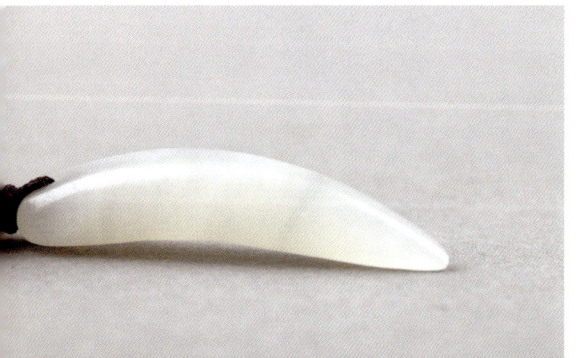

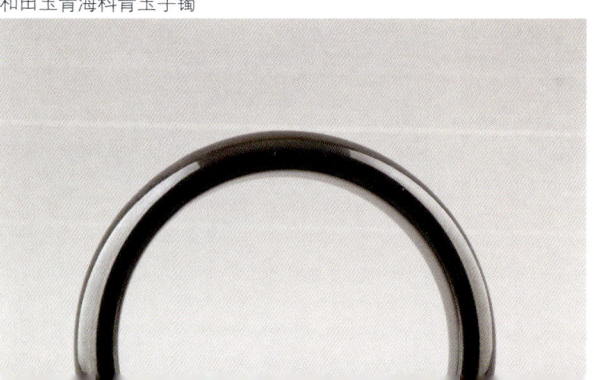

七、仪器鉴定

在和田玉的辨伪当中，使用仪器检测非常普遍，表明仪器检测的观念已深入人心。目前检测报告已经成为一种风尚，这是由仪器检测的优点所决定的。因为仪器检测可以准确地检测出质地和成分，迅速判定一件和田玉在质地上的真伪，它的出现无疑是和田玉质地作伪的克星。但依然还有很多问题不能解决，因为仪器不能检测优化过的和田玉，也不能检测质量的好坏，同时更不能检测古玉。但显然检测玉质是一个基础，所有的问题只有在这个基础之上才有意义。所以，和田玉产品附加检测报告，是很有必要的。

和田玉青海料黄口料山子摆件

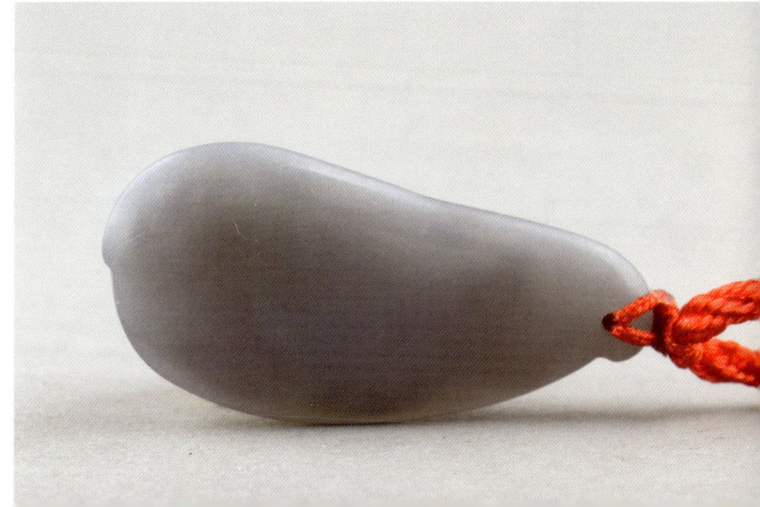

和田玉青海料紫罗兰葫芦

和田玉青海料紫罗兰葫芦

八、时代检测

一件被鉴定的和田玉，我们必须把它纳入相应的时代，这样才能进入下一步的工作。所以，断时代对于和田玉鉴定而言非常重要。通常主要是依靠器物类型学进行的类比。另外，和田玉的做工、铭文、出土位置等都是重要的依据。同时要利用科技检测年代的方法，再结合考古学、文献学等诸多方法，综合进行判定时代。

九、辨伪方法

和田玉辨伪方法是一种方法论，一种行为方式，是人们用它来达到和田玉玉质辨伪目的的手段和方法的总合。因此，辨伪方法并不具体。它是指指导我们的行为，对于和田玉辨伪的一系列思维和实践活动，并为此采取的各种具体的方法。由上可见，在鉴定时我们要注意到辨伪方法在宏观和微观上的区别。

和田玉青海料墨玉平安无事牌

和田玉青海料青玉雕件牌

十、光束鉴定

光束是用强光手电筒照射和田玉，是和田玉鉴定的主要方法之一。将手电筒直接对着和田玉照射，光束要集中，看到的玉质没有混杂感，呈现出纤维状或者是毛毡状结构。这是由和田玉的性质所决定的。

和田玉青海料青玉手镯

十一、均匀程度

透光均匀程度是鉴定和田玉重要的方法之一。通常情况下，我们将强光手电筒平行对着和田玉照射，之后平移绕一周，就可以由光的均匀程度，清楚地看到和田玉结构是否均匀。真的和田玉内部结构在均匀程度上比较好，透光都是均匀的，如果看到不均匀的情况，应结合其他的鉴定手段观察。

十二、致密程度

和田玉通常情况下致密程度比较好，在致密程度上有一个底线，即疏松的情况不见，只是在致密程度上不同而已。有很多种检测方法，用手掂也可以，不过一般都是将强光手电筒靠近和田玉几厘米处，呈45°或角度再略大一些进行观察，可以清晰地看到器物之内结构细腻程度。

和田玉青海料、玛瑙组合手串

和田玉俄料碧玉秋叶

十三、纯净程度

　　纯净程度是决定和田玉优劣的重要标准之一。通常情况下，如果是很薄的片雕，自然光下就可以看清楚和田玉上有没有杂质；但是如果过厚，就需要用强光手电筒来观测。通常，和田玉透光性比较好，但视觉观察不到的：一是玉质匀净者少见，特别是对于一些体积较大的玉器而言更是这样，因为这是由和田玉的固有属性所决定的。二是轻微杂质的情况最为多见，有很细小的瑕疵。三是严重杂质的情况很少见，但匀净程度显然是一个视觉意义上的概念，以视觉为判断标准。

　　从时代上看，各个历史时期的和田玉在纯净程度上也是各不相同，我们在鉴定时应注意分辨。下面我们就来具体介绍一下。

和田玉青海料黄口料辣椒

和田玉青海料黄口料山子摆件

红山文化玉龟·当代仿古玉

1. 从红山文化玉器上鉴定

　　杂质的多少是决定红山文化玉器优劣的标准之一。通常情况下，软玉制品如果是很薄的片雕，自然光下就可以看清楚玉器上有没有杂质，但是如果过厚，就需要用强光手电筒来观测。由于红山文化闪石类玉器透光性比较好，所以可以很清楚地看到器物体内有没有颗粒状的杂质，或星星点点状的杂质；而普通的岫岩玉通常情况下在玉器当中都会有这样或那样的杂质，大小不一，分布不均。鉴定时应注意区别。

玉琮·当代仿良渚文化

青玉斧·新石器时代

2. 从良渚文化上鉴定

良渚文化玉器的纯净程度不是很好，只有个别软玉较为纯净，毫无杂质，多数情况下玉质不是很好，有的直接就可以看到杂斑，绺裂的情况也有见，绺裂与杂斑共存的情况也有见。如果用强光手电筒来看更是这样，星星点点的杂质斑驳可见，大小不一，分布不均匀，杂乱无章。但这正是良渚文化玉器的特点之所在。

3. 从仰韶至龙山文化玉器上鉴定

仰韶至龙山文化玉器在纯净程度上不好，多数不透光，和田玉少，我们看不到内部，但是从表面看，星星点点的杂质就很多，夹杂着斑驳装填的色斑，看起来在纯净程度上的确问题很大。

4. 从夏代玉器上鉴定

夏代玉器的纯净程度不是很好，和田玉基本不见，玉质纯净者少见，有的直接可以看到杂斑，星星点点的杂质斑驳可见，大小不一，分布不均匀，杂乱无章，内部结构杂质也多数不是太好。

玉璧·商代

5. 从商代玉器上鉴定

商代玉器在纯净程度上同样分为两种情况。和田玉纯净者多见，用强光手电筒 45 度角打光可以清晰地看到商代玉器相当的纯净。而非和田玉则多在纯净程度上有问题。如果用手电筒看，星星点点的杂质和斑驳比较常见，大小不一，分布不均。当然这是很难避免的，因为这与其本身的质地有关。

和田青玉料·西周

有沁玉玦·春秋早期

轻微受沁的环形镂空玉佩·汉代

6. 从西周玉器上鉴定

西周玉器在纯净程度上同样分为两种情况。和田玉纯净者多见，用强光手电筒打光可以清晰地看到西周玉器相当的纯净。我们来看一则实例，"蝉2件。M119：13，碧绿色，无任何杂质"（中国社会科学院考古研究所山东工作队等，2000）。而非和田玉则多在纯净程度上有问题。如果用手电筒看，星星点点的杂质和斑驳比较常见，大小不一，分布不均，只是个别有见纯净者。

7. 从春秋战国玉器上鉴定

春秋战国玉器在纯净程度上同样分为两种情况。和田玉纯净者多见，用强光手电筒45度角打光可以清晰地看到春秋战国玉器相当的纯净，星点状的杂质有见，但为偶见。因为一般情况下新疆和田玉还是有一些杂质的。而非和田玉则多在纯净程度上有问题，如果用手电筒看，星星点点的杂质和斑驳比较常见，大小不一，分布不均。当然，这是很难避免的，因为这与其本身的质地有关。总之，非和田玉质，纯净者少见。

8. 从汉唐玉器上鉴定

汉唐玉器在纯净程度上同样分为两种情况。和田玉纯净者多见，可以清晰地看到汉唐玉器相当的纯净，这与其本身的结构有关。而非和田玉则多在纯净程度上有问题，如果用手电筒看，星星点点的杂质比较常见，大小分布不均。当然，也有比较纯净者，但数量很少。

9. 从宋元玉器上鉴定

宋元玉器在纯净程度上，和田玉比较好，和现在基本上相似，甚至在选料上比现在更为仔细，纯净者多。而非和田玉则多在纯净程度上有问题，如果用强光手电筒看，星星点点的杂质比较常见，当然十分讲究纯净程度的也比较常见。这一点显然是较之前代有进步。

10. 从明清玉器上鉴定

明清玉器在纯净程度上分为两种情况。和田玉纯净者多见，用强光手电筒45度角打光可以清晰地看到明清玉器相当的纯净，只是偶见有的一到两个点状的杂质；而非和田玉则多在纯净程度上有问题，原因主要是选料的标准不如和田玉严格，且本身因质地不纯易产生杂质，而很难避免。

白玉带钩·清代

11. 从当代玉器上鉴定

当代玉器在纯净程度上，和田玉纯净者多见，打光可以清晰地看到当代玉器多数质地相当纯净，只是偶见有一个或两个针孔状的杂质。这与当代开采技术的提高有很大关系，致使和田玉量大而有很多可选择的余地。

和田玉青海料紫罗兰葫芦

和田玉青海料青玉平安扣

第三节　雕工鉴定

雕工是和田玉的灵魂，对于和田玉作品有点睛之效。俗话说，玉不琢不成器。一件作品只有经过雕琢之后，才会展露出光滑、莹润的本色，只有经过雕琢才能造型隽永，雕刻凝练。不同时代的主要雕刻手法存在着差异，下面我们具体地来看一看。

一、从新石器时代上鉴定

新石器时代阴线、阳线、隐起、平凸、起凸、镂空、琢磨都有，一般都是两种以上的手法共同作用于玉雕之上，在雕工上相当先进。良渚文化玉器雕工较为发达，红山文化就差一些，中原地区的玉器上则几乎没有线条。

二、从夏商时期上鉴定

夏商时期双勾阴线，阳线多为假阳线，就是磨去阴线外侧，再磨去内线边，使其呈弧状，这样看起来就很像是阳线。商代也有阳线，但不是很多。同时也有阴线独立成图案的刀功。另外，在造型上也是非常隽永。

和田青玉镀金回纹碗（三维复原色彩图）

和田玉青海料白玉平安扣

龙纹玉玦·西周

三、从西周时期上鉴定

西周时期多采用的是一面坡，粗阴线和细阴线相互配合使用，纹饰显得更加细腻，宛如在玉器之上挥毫泼墨绘制图案。同时周代也有阴沟。

四、从春秋时期上鉴定

春秋时期单双阴线并用，主要继承了西周时期的纹饰线条处理方法，纹饰异常的精美和繁缛，线条流畅、挺拔。另外，春秋时期还善于使用隐起浮雕法来表现纹饰。

和田软玉璧（局部）·西周

玛瑙珠玉佩组合项饰·春秋早期

五、从战国时期上鉴定

战国时期主要是隐起与阴线相结合，高隐起，勾勒乳钉，阴线相互勾连，雕刻出了一幅幅更为复杂的纹饰图案。S形纹饰较为典型，主要有单线S纹、双线S纹和叠套S纹。

六、从秦汉时期上鉴定

秦汉时期阴线细纹、镂空、浅浮雕、镶嵌、粗细线结合共同形成纹饰图案。但总的看来汉代是以阴线为主，线条刚劲利落。汉代逐渐脱离了前代纹饰的特征，变得简洁流畅，在刀功上也是这样，是纹饰变化的一个里程碑。所谓的"汉八刀"，并非就是八刀，而只是寥寥的几刀，就把所要表现的纹饰呈现出来。刀法刚挺，多使偏刀。

谷纹玉璧·战国

纹饰刚劲挺拔玉璧·汉代

和田玉青海料青玉雕件牌

和田青海料白玉观音

七、从六朝至当代上鉴定

　　自汉代以后，纹饰的变化都延续汉制，其他的表现手法也有，但不是很多。当代机雕较为流行，故不再过多赘述。总之，古玉器的鉴定要远看形，近看玉质，拿到手中看雕工。

和田玉俄料白玉带糖碗（三维复原色彩图）

第四节　造型鉴定

　　和田玉常见的造型主要有牌、挂件、把件、观音、弥勒、佛像、坠、福瓜、如意、龙、凤、貔貅、生肖、印章、戒指、镯、簪、鼻烟壶、项链、手串、手握、山子、婴戏、多宝串、高士、花插、平安扣、隔珠、隔片、臂搁、葫芦、玉壶春瓶、笔架、水滴、笔舔、洗、碗、盘、尊、香炉、璧、璜、琮、玦、鼎、璋、圭、环、觿、带钩、玉带、邪镇、镜、壶、砚、盒、杯、童子、籽料随形、三通、单珠、筒珠、组合发饰、大型玉组佩、鱼、马、牛、兔子、鹿、象、天鹅、羊、猪、犬、虎、蝉、蚕等。由此可见，和田玉在造型种类上十分丰富，灿若繁星。但以上造型很显然古代的造型比较多，当代和田玉在造型上与古代无法比拟，可见和田玉在中国历史上的辉煌成就。但是这些造型我们当代基本都继承了，只是在出现的频率上有较大差别。如琮、璜、圭、璋等礼器时代的玉器当代很少见，取而代之的是观音、弥勒、佛像、瑞兽、串珠、平安扣、吊坠、玉牌、印章、龙、凤、如意等。下面我们来具体看一下。

和田玉青海料白玉平安扣

一、从玉圭上鉴定

玉圭是我国古代玉器中的主要礼器造型之一，造型为长条形，扁平状，上端为等腰三角形，下端平直。但这只是玉圭的一般造型特征，事实上我们发现的玉圭在造型上还有很多种。如《说文》所述的："圭上圆下方"，可见玉圭的造型上端也不一定全部都呈等腰三角形。总之，玉圭的造型很复杂。在中国古代，玉圭和玉璧、玉璋、玉琮、玉璜、玉琥被称之为"六瑞"，广泛地用于朝聘、祭祀、丧葬。龙山文化、夏、商、周时期流行。

二、从玉琮上鉴定

琮的起源很早，为我国古玉器史上重要的玉礼器造型。良渚文化墓葬当中曾发现玉琮，山西襄汾陶寺的龙山文化晚期墓葬当中也出土过扁矮型的玉琮。可见琮最早出现在良渚文化或龙山文化晚期。琮的造型，《说文》有："琮，瑞玉，大八寸"。汉儒注释或以钝角八方，或以直角正四方。新石器时代至商周时期流行。

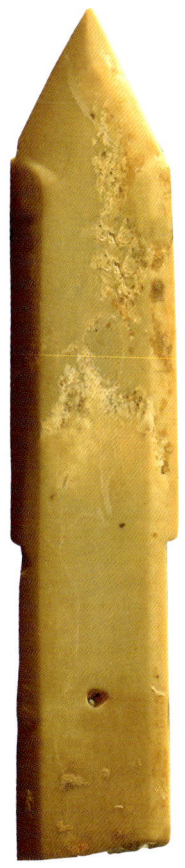

虢国玉圭·西周

虢国和田青玉琮·西周

玉戚·当代仿商器

二、从玉戚上鉴定

玉戚是重要玉礼器造型。夏鼐先生认为，扁平斧两侧射出的齿牙或称为戚，璧改成的戚，或称为璧戚。可知戚是斧的一种。在新石器时代早期，先是有了石斧等农业生产工具，后来才在武器方面出现了石钺。青铜器中的钺和戚应是同一类兵器，如《左传·昭公十五年》"戚钺秬鬯"贾公彦疏："俱是斧也，盖钺大而斧小"。夏、商、周三代较为流行。

四、从玉戈上鉴定

玉戈是重要玉礼器造型。早期的玉戈援和穿之间有若干平行细刻线。商代大中型墓葬中大量出土玉戈。妇好墓出土玉戈 47 件，戈形和早期的铜戈相似，援部上下侧的刃部基本上平直对称，尖端作三角形，长度在 21 ～ 40 厘米，近内处常有穿。有的中宽短而内、援不分。有的下侧内凹，有的狭长如刀。西周以后造型固定化，锋呈三角形或柳叶形，锋刃与援的上下边或锐利或钝厚。援或有脊或无脊，内为长方形、梯形，或平行四边形。援与内的中部或各有一个穿孔，或仅有其中之一。少数戈的内或在周边刻牙形饰。新石器时代至夏、商、周三代较为流行。

和田青玉戈·西周

虢国玉戈·西周

和田青玉璧·西周

上凤下人纹玉璋（局部）·西周晚期

精美绝伦的玉璧·西周晚期

五、从玉璋上鉴定

玉璋是重要的玉礼器造型。从造型上大致可分为璋、牙璋、赤璋、璋邸射、边璋、大璋、中璋等。《周礼注疏》中所释："圭为璋"。《说文》也认为"剡上为圭，半圭为璋"。《周礼》记载"具有祭祀山川，造赠宾客"之功能。新石器时代及夏、商、周三代较为流行。

六、从玉璧上鉴定

玉璧是重要玉礼器造型。《说文》："璧，瑞玉，圜也。"清代段玉裁注："璧，圆，象天。"《尔雅·释器》中"肉倍好谓之璧，好倍肉谓之瑗，肉好若一谓之环"，"好"是指当中的孔，"肉"是指周围的边。其中器身作细条圆圈而孔径大于全器二分之一者，或特称为环，其余为璧。新石器时代及夏、商、周三代较为流行。

精美绝伦龙纹璜·西周

鹦鹉形璜·商周时期

七、从玉璜上鉴定

玉璜是重要玉礼器造型。造型众多，文献述"半璧为璜"，与我们实际发现的玉璜相符。另外，还发现将玉璜同其他器物大规模地进行串联。如河南三门峡上村岭虢国墓地出土的两套七璜和五璜组玉佩，就是以玉璜为主体进行组合的大型玉组佩。新石器时代及夏、商、周三代较为流行。

八、从玉钺上鉴定

玉钺是重要玉礼器造型。造型为平面梯形，中上部钻两圆孔，主要作为一种军权的象征存在。新石器时代玉钺的做工精致，纹饰繁缛。流行于新石器时代及夏、商、周时期。

九、从组佩饰上鉴定

组佩饰是重要礼器造型。组佩饰是由两件（颗）以上玉器通过串联方式组合成的一组具有某种特定功能的玉质装饰品。玉器中数量最多的就是装饰品。组佩饰主要有以下几种：玛瑙珠、玉管、环组合，佩、璜组合，玛瑙珠、玉佩组合，璜连珠组合，玉管、佩组合，玛瑙珠与绿松石组合。其中，大型组玉佩主要流行于西周晚期和春秋早期。如虢国墓地和晋侯墓地都出土有大型组合玉饰。其中以虢国墓地出土的一件七璜联珠组玉佩最为大型。七璜联珠组玉佩出土

组玉佩·西周晚期

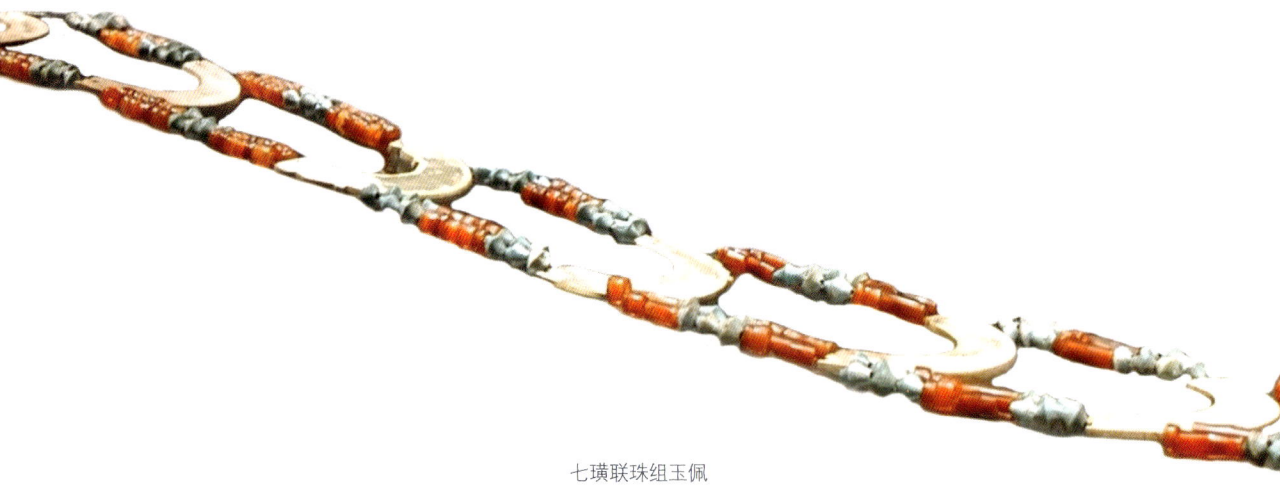

七璜联珠组玉佩

于 M2001 号国君大墓，共由 374 件（颗）的器物组成。整个组玉佩分为上下两部分：上部为玛瑙珠、玉管组合项饰；下部用玉璜、玛瑙珠和料珠组合。上部由 122 件（颗）组成，1 件人龙合纹玉佩、18 件玉管、103 颗红玛瑙珠。其中，14 件长方形玉管两两并排地分别串联在两行玛瑙珠之间。另外 4 件呈现单行串联于其间。后者显然是为了避免两行串珠分离而起约束作用。组玉佩位于墓主人颈后中部，为项饰的枢纽，展开长度约为 53 厘米，出土于墓主人的颈部。下部共计 252 件（颗），由 7 件玉璜由小到大与纵向排成双排四行对称的由 20 件圆形玛瑙管、117 颗玛瑙管形珠、108 颗菱形料珠相间串联而成。20 件玛瑙管分为 10 组，每 2 件成 1 组。料珠为 18 组，每组为 6 颗。玛瑙珠分为 16 组，每组为 2 颗、4 颗、13 颗不等，统一作并排两行，以青白色玉璜为主色调，兼以红、蓝二色，出土于墓主人胸及腹部（河南省文物考古研究所，1999）。但此类组合玉佩很少，目前发现的只有几件，所以，市场上出现的基本都是伪品，收藏者应该谨慎购买。

十、从组合发饰上鉴定

组合发饰是重要玉礼器造型。即大型且组合异常复杂的发饰。可分为玛瑙珠、玉管、环组合和佩、璜、玦组合两类。玛瑙珠、玉管、环组合发饰出土于墓主人头部右上方，由衔尾双龙纹玉环、素面玉环、玉管、玉珠、牛首形玉佩、大小红色玛瑙珠与石贝等分作两行相间串联组成。其中，衔尾双龙纹玉环串联于发饰首末两端的结合处，为本组发饰的枢纽。4件小环分置于首末两端，大颗玛瑙珠分双行并排串联，且被八件玉管相间分成六组，每组六至八颗不等，而十颗玉珠则专门是用于打结的。佩、璜、玦组合发饰也出土于墓主人脑后，共有17件器物组成：鹰形佩一件，鹦鹉形璜一件，虎形璜一件，大玦两件，中玦两件，小玦两件，弦纹管一件，小玛瑙珠七颗。其中，两个大玦与两件玉璜及凹弦纹管并行排列，凹弦纹管下垂直排列着两件中玦与小玦。鹰形佩垂直其下，另外两件中、小玉玦又垂直在鹰形佩之下，七颗小玛瑙珠分别附于鹦鹉形玉璜两端穿孔处（河南省文物考古研究所，1999），组成了一件酷似鹰形的发饰。组合发饰出现的很少，以上均是河南三门峡虢国墓地出土的组合发饰，其流行年代也基本上是西周晚期。

玛瑙珠、玉管组合发饰·西周

玛瑙珠、玉管组合饰件·西周

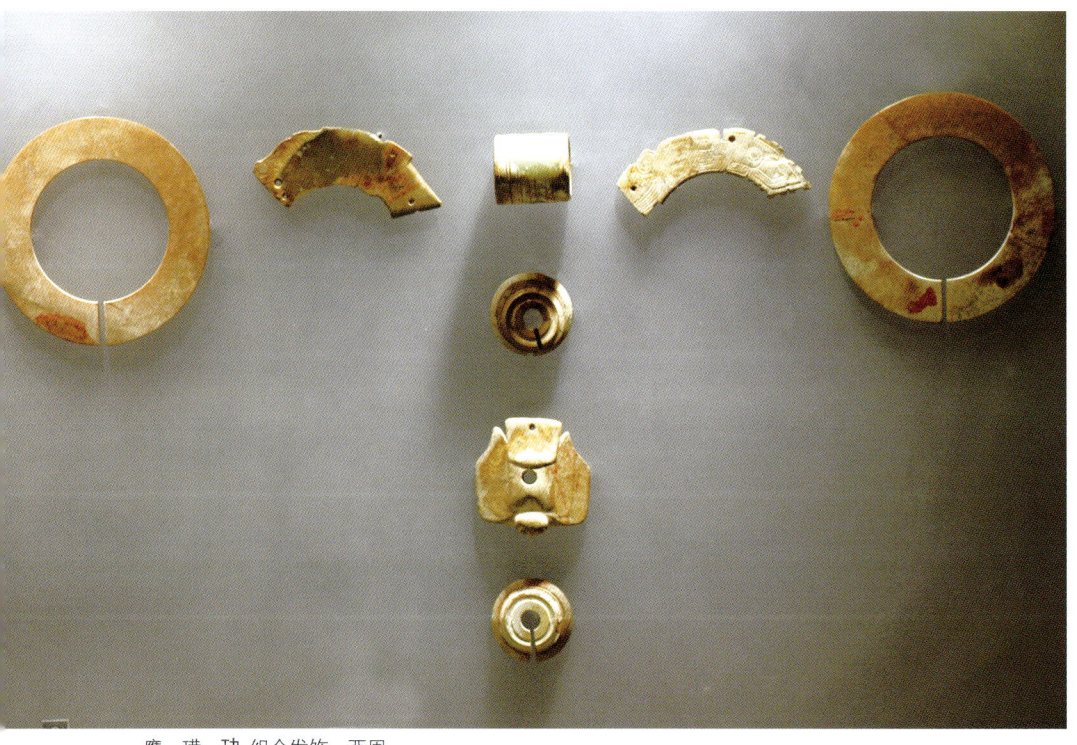

鹰、璜、玦 组合发饰·西周

和田青玉刀·西周

十一、从玉刀上鉴定

早期玉刀的形状与我们现在的刀形有一些区别，有点像是我们现在使用的刀片，有刃，但两边不是直的，而是等腰梯形，且各有对称的锯齿。在刀体上方靠近刀背的地方，往往分布有等距离的圆孔。目前发掘出土的玉刀有七孔玉刀和三孔玉刀，都是以奇数为组合，还没有发现有以偶数孔组合的玉刀。玉刀主要流行于新石器时代晚期和夏代。商周时期的玉刀造型与现代相似，但数量很少，为偶见。

玉刀·新石器时代

十二、从缀玉面罩上鉴定

即人死后，把玉做成眉、目、鼻、口、耳等形状的玉片，覆盖在人的面部。为春秋战国时期覆盖在死者面部"瞑目"的组型，形态十分逼真。缀玉面罩最早见于西周晚期墓葬虢国墓地的一号国君墓。墓内仅出土一件，为国君佩带。东周时期这种缀玉面罩继续发展，最终发展成为汉代的玉衣。流行于西周和东周。

十三、从玉印上鉴定

印章是和田玉应用较广的器形。如广州南越王墓就曾发掘出土一枚南越王"赵眜"的玉印。在汉代以后极为流行，直至今日。

十四、从玉管上鉴定

玉管造型分为圆筒、扁圆筒、扁方形筒等多种，表面常饰以龙纹，还有斜三角纹、圆形纹、涡纹等。主要是和其他器物共同组成器物。历代都非常流行。

玉管组合佩饰·西周

玛瑙珠玉管组合项饰·春秋早期

和田玉青海料、玛瑙组合手串

和田玉青海料、玛瑙组合手串

十五、从玉珠上鉴定

玉珠大都呈白色或青色，常和其他器物相互进行串联组成项链或者是更大型一些的器物组合，历代都非常流行。

十六、从玉瑗上鉴定

玉瑗的造型就是大孔的璧，商代就有见。《尔雅·释器》载："好倍肉谓之瑗。"郭璞注："瑗，孔大而边小。"东周、秦汉时期较为流行。

白玉带钩·清代

十七、从玉玦上鉴定

　　玉玦的定义十分明确，就是璧有缺既为玦，主要是作为一种佩饰和其他器物一起组合成新的器物造型。汉代玦有"赐环则还，赐玦则绝"之意。新石器时代、商周时期较为流行。

十八、从玉带钩上鉴定

　　玉带钩的功能就是钩连腰带，相当于我们现在使用的皮带扣子。玉带钩流行于春秋战国和秦汉时期，以后历代都有。

玉玦·春秋早期

玉柄形器·商周之际

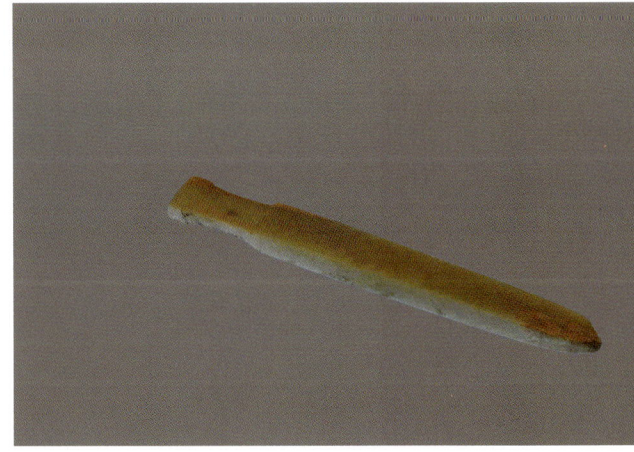

玉锛·新石器时代

十九、从玉柄形器上鉴定

玉柄形器细长条形，一端有凸榫，另一端为尖状，有长短厚薄之分，为中原地区玉器文明中典型的玉器造型。最早见于二里头遗址，夏商周时期都非常流行。

由以上可见，我国古今玉器造型相当丰富，以上造型只是我们在古玉器鉴定当中最常见到的，绝不意味着重要的玉器造型就是以上这些。实际上，和田玉的造型应该超出数百种以上，但是，在这里我们不可能将其一一罗列出来，也没有必要那样做，关键还是要能够举一反三地进行鉴定。

第三章 典型器鉴定

第一节 玉礼器鉴定——虢国玉璜

虢国玉璜是一种玉礼器，其造型始于新石器时代。距今 7000 年至 5000 年的河姆渡遗址中已有发现，是一种弧形的玉器。汉代诸多文献认为，半璧为璜；而实际情况中，有许多不符合这一说法。在河南安阳殷墟妇好墓出土的玉璜一般是璧的三分之一，只有少数接近二分之一。其形制呈弧形，分两种，有的弧背刻出方齿或雕成兽首，但有的两端平齐。多数有穿孔，但也有少数无穿孔。西周虢国玉璜器身较窄，呈弧形，两端有穿孔或无穿孔。虢季墓出土的标本 583（注：文中编号为三门峡虢国墓发掘报告编号）断开为两截，无穿孔，明显用旧器改作。虢季墓标本 587，采用戚改作，外边缘一侧有齿牙形扉棱。虢国玉璜形制基本是以上几种，延续了"璜为弧形"的新石器时代以来的传统器形。诸文献中的"半璧为璜"标准，虢国玉璜不符合，虢国玉璜很少有两璜为一璧，有的三块玉璜都成不了环形。虢国玉璜有许多不是璧改制的，而是戚或其他玉器的改作。还有许多可能是专门制作而成的璜。

和田玉质璜·西周

鸡骨白沁色和田青玉鱼·西周

玉璜·西周

　　从以上可以看出，虢国玉璜的器形是前代传统器形的延续，但又具有鲜明的特征。大量的玉璜由戚改制而成，是虢国玉璜重要特征之一。由文献可知，戚象征军权。虢国墓地许多大墓出土了众多的戚，说明虢国在西周初期是一个强大的军事诸侯封国。许多用玉戚改作成的玉璜，印证了虢国军事实力的强大。可见虢国玉戚和玉璜都是一种军权的象征。虢国玉戚与玉璜相比，除了形状差异外，最大的差别就是玉戚无穿孔，玉璜大多有穿孔。说明玉戚是放置于某处，而玉璜是挂于身上或其他地方。虢人把玉璜佩带在身上以示拥有的军权，极有可能相似于现代军人的军衔一类。玉璜与玉戚外边缘一侧的齿牙形扉棱，是否可以看作是军衔的等级或军权的大小呢？从该类玉璜出土的情况看，见于正式报告的只有虢季墓标本587是戚改作而成，该墓主人身份是国君。这可能也是与西周时期的用玉等级制度有关，可能是只有诸侯才能改戚作璜，挂于身上象征军权。虢季墓这件戚形璜没有穿孔，极有可能是墓主人太珍视这份权力与荣誉，故未穿孔。

第二节 陈设装饰玉鉴定

一、虢国玉玦

西周虢国玉玦为环形，有缺口，为耳饰。中华大辞典的解释为"璧有缺即为玦"。《广韵》释玦"佩如环而有缺"。在古代玦有断绝之意。如《史记·鸿门宴》中范增举玉玦以示项羽动手除去刘邦，再如"臣待命于境，赐环则还，赐玦则绝"，说明玦确实有这方面的独特寓意。

其实，早在7000多年前新石器时代的人们便开始使用玦。在河姆渡遗址，马家浜、松泽文化中都有流行。在中原地区，商代较多使用玦，西周时期仍然流行，尤其是虢国十分盛行。在中原战国墓中，小玦常成对发现于死者两耳旁边，可见是作为耳饰。虢国墓地出土的玦多为成对出土，纹饰以缠尾双龙、鱼尾龙形纹为主，纹饰线条有流畅感。玉质细腻，微透明，多为青玉，有少量黄玉，雕琢精细，

玉玦·西周

玉玦·西周

玉玦·西周

玉玦·西周

做工十分精致。有的玦系旧玉改制而成，另外还有一些素面玦，多出于墓主人脑后正中处，头部左耳处及胸部、右耳下颈部，看来只是一种耳饰罢了，并非是"赐环则还，赐玦则绝"的意思。这种寓意可能是春秋、战国以后人们根据玦的形状而衍生出来的，至少在虢国时期即西周晚期还未发现有此种寓意的迹象。另外，在虢国墓地还有一个奇怪的现象，就是国君墓中除了组合发饰中有玦外其余均未发现，而在国君夫人、太子、大夫级墓葬中均发现有或多或少的玦且多数作为耳饰存在。如果说玦有断绝之意，那么在虢国除了国君外，其余的人难道都是被赐死的吗？显然不是。那么玦在西周晚期即虢国时期的真正含义是什么呢？

本书作者认为，它可能是当时人们喜爱和流行的一种装饰品，亦用来随葬，但不是礼器。之所以在国君的组合发饰中出现，极有可能是为适应西周用玉等级制度的要求，为当时组合发饰的固定器型之一。

龙纹玉玦·西周

可见，西周时期礼器在功能上的划分已相当的明确。至此我们很自然会想到一个问题：既然中原地区玉器文明在西周晚期已经达到了全盛，那么玦、管、珠等这些古老的器物按理说应该成为礼器。但是这几种器物发展到西周晚期这个玉礼器鼎盛的时代，在许多器物都上升到礼器的情况下，也没有被提升到礼器。不过，客观而论，这样小的器物，且又容易制作，到处都是，试想这样的器物怎么能够被当作礼器来使用呢？它不但不能使平民和奴隶臣服，甚至没有一点凝重感。所以说，这些器物虽经过数千年的历史沧桑其功能和器形也没有过大的改变，常常作为一种装饰品而被人们所忽视。其中，玦的功能得到改变是到了汉代，人们根据它"有缺"的器形赋予了一个它几千年来才等到的新功能，即"赐环则还，赐玦则绝"。

和田青玉·西周

玉玦·西周

玉玦·西周

玉玦·西周

玉玦·西周

二、玉 牌

明清至当代玉牌，在传统的基础之上有所发展。在数量上，与隋唐宋元时期相比相差不远，明清略大于前代，民国基本延续清代，当代在玉牌上数量众多。

1. 从造型上鉴定

明清至当代玉牌，在造型上与前代没有太大的改变，主要还是以扁平状为主，具体造型有长方形、正方形、椭圆形、圆形、工字形、灵芝形、不规则形等。由此可见，这一时期的玉牌在造型上基本还是隋唐宋元时代的延续。如长方形、正方形以及椭圆形的造型等都是隋唐宋元时期常见的造型，而且一般情况下这些正方形或者是长方形的造型都不是很规则，通常四个角多是弧形的。这样一来，玉牌的造型在细节上就变得比较复杂，可能形成各种各样的造型。但对于这些造型我们不能一个个地去分析，只能抓住重点，以主要轮廓造型为显著特征，不然就会陷入到具体当中而无法自拔。从数量上来看，这一时期玉牌的造型还是以长方形为主。不过，明清至当代其他造型在数量上有一定量的增加。如圆形、工字形、灵芝形等造型，在明清至当代见到的频率还是很高的。由此可见，明清至当代玉牌在造型上有向多样化、趣味化发展的趋势。

和田玉青海料墨玉平安无事牌

和田玉青海料青玉雕件牌

和田玉青海料青玉雕件牌

2. 从纹饰上鉴定

明清至当代玉牌，在纹饰上可谓是进入到了一个全面繁荣的阶段。纹饰种类与前代相比增加了不少，可以说是集各个时代纹饰之大成。这一时期常见的纹饰主要有人物、蟠龙纹、松鹤纹、一团和气图、灵芝兰草纹、荔枝纹、芭蕉纹、山石纹、祝寿纹等。由此可见，纹饰题材之丰富。当然，这些纹饰多数是前代传统的延续，但不是延续一个朝代，而是多个朝代。明清至当代，玉牌纹饰在延续前代的同时也有创新，如一团和气牌，就为明代所首创，在明清至当代相当流行。另外，祝寿纹在明清至当代也是非常之盛行，这反映了纹饰与功能相连的事实。

3. 从玉质上鉴定

明清至当代玉牌，在玉质上可谓是优良，多用软玉制成，偶见有非和田玉者。玉质细腻，玉色以白色为主，青玉也常常可以看到。玉质微透明，有些浑浊感，很少看到有杂质的现象。从视觉上看就是如脂如玉，手感相当细腻滑润，冰凉之中透出的是体温，使你在感到丝丝冰凉之时又能感觉到浓浓的暖意。可能你会感叹，人间竟有如此的瑞物！ 手感是那么的令人无法言表。

4.从做工上鉴定

　　明清至当代玉牌，其做工可谓是一丝不苟，做工极为细腻，是在以做一件艺术品的态度来制作玉牌。从造型上看，隽永，圆度规整；从纹饰上看，雕刻细腻，线条流畅，刚劲有力；从琢工上看，琢磨最为细致，将整个玉牌打磨得光滑细腻。抛光也极好；从整个器物看上去，光泽十分柔和，可以说件件都是国之瑰宝。

和田玉青海料青玉雕件牌

和田玉青海料青玉雕件牌

和田玉青海料青玉雕件牌

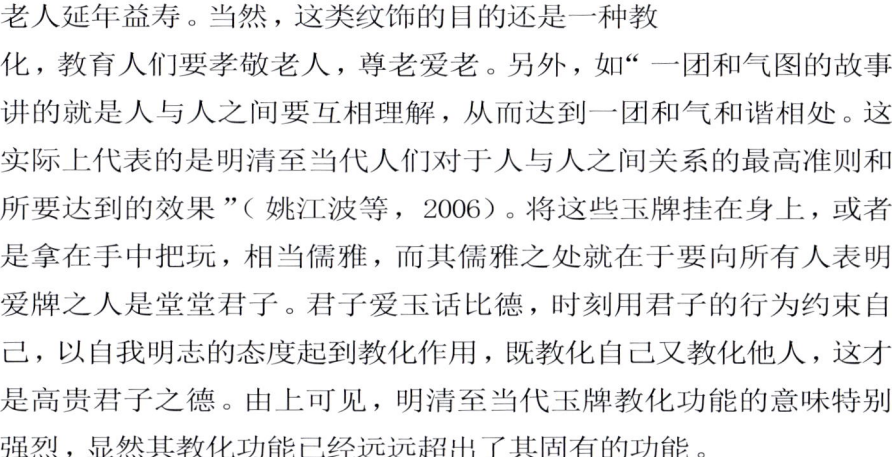

5. 从功能上鉴定

明清至当代玉牌，其功能主要是一种
装饰玉，但在其主要功能的基础之上又衍
生出了相当多的枝节功能，而且从明代玉
牌上看，这种枝节的功能显然是超出了其
主要功能。这些枝节的功能主要是通过纹
饰来体现，如祝寿纹等，这类纹饰常常以各
种吉祥如意的图案来表示对老人的祝福，希望
老人延年益寿。当然，这类纹饰的目的还是一种教
化，教育人们要孝敬老人，尊老爱老。另外，如" 一团和气图的故事
讲的就是人与人之间要互相理解，从而达到一团和气和谐相处。这
实际上代表的是明清至当代人们对于人与人之间关系的最高准则和
所要达到的效果 "（姚江波等，2006）。将这些玉牌挂在身上，或者
是拿在手中把玩，相当儒雅，而其儒雅之处就在于要向所有人表明
爱牌之人是堂堂君子。君子爱玉话比德，时刻用君子的行为约束自
己，以自我明志的态度起到教化作用，既教化自己又教化他人，这才
是高贵君子之德。由上可见，明清至当代玉牌教化功能的意味特别
强烈，显然其教化功能已经远远超出了其固有的功能。

和田玉青海料墨玉平安无事牌

和田玉青海料墨玉平安无事牌

和田玉青海料白玉带糖色鱼

和田玉青海料白玉带糖色鱼

三、动物玉佩

明清至当代的动物玉佩种类也很多，为明清玉器中主流玉器品种。不仅仅是数量多，明清至当代动物玉佩还具有造型和纹饰丰富，寓意深刻的特点，时代特征明显。下面就让我们来看一看这一时期的动物玉佩。

1. 从造型上鉴定

明清至当代的动物玉佩造型种类十分丰富。常见的造型主要有：正方形、长方形、椭圆形、圆形、龙形、蟠龙、瑞兽、鱼形、鹅形、虎形等。由上可见，这一时期的动物玉佩造型种类繁多。但从种类上看，与前代大体相当。看来大多数纹饰都应该为传统的延续。如正方形、长方形，以及圆形的造型。这些造型与前代一样大多并非是标准的造型，而是在轮廓造型之下的枝节造型，只是在局部上有微小的改变。但我们可以看到动物玉佩与前代及其他如人物玉佩、植物瓜果玉佩相比，以动物本身为造型的圆雕作品数量有所增加。如我们看到的很多玉龙、玉蟠龙、玉鱼、玉鹅等都是这样的造型。这显然比片雕动物玉佩在琢工上要简单些，但明清至当代的这些圆雕动物玉

玉蟾佩·清代

佩在造型上的确是相当逼真，特别是注重在细节上的表述。如对天鹅造型的表述，的确是按照天鹅的外形来设计，包括其颈部、头部都相当写实。但显然天鹅在造型艺术上进行了升华，包括天鹅的神态及其他具体造型的省略，而这种省略又使我们感觉不到。天鹅的具体动作，如颈部较大回首等，这些动作都是天鹅能够做到的，不是虚构的。所以，从天鹅造型特征来看，明清至当代动物玉佩在造型上多采用了写实与写意相互结合的手法，而且这种写意多是在写实的基础上进行的。这显示了明清至当代动物玉佩在造型艺术上的高超技艺水平。

玉狮佩·清代

玉狮佩·清代

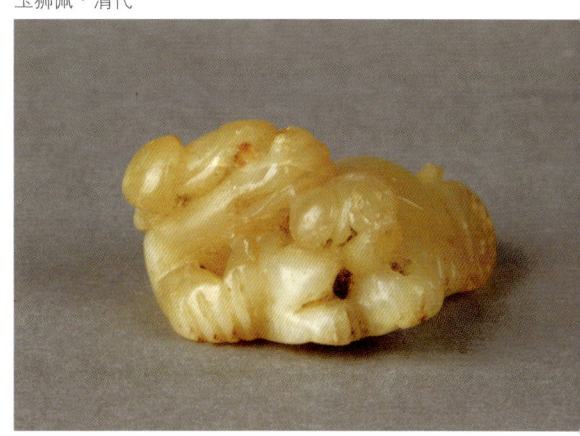

和田玉青海料白玉带糖色鱼　　　　　　　　和田玉青海料白玉带糖色鱼

　　在题材上，明清至当代的动物玉佩造型既有写意性动物造型，也有写实性动物造型。如龙形佩、瑞兽佩，以及蟠龙佩的造型都属于写意性的。虽然人们很熟悉，但由于这类动物现实当中实际上并不存在，所以它是写意性质的。而明清至当代的这类佩却将整个造型表述得很清晰。当然，这种清晰的造型有固定化的趋势，只是不同的器物之间有略微的差别而已。以上是写意造型的一些基本特征。但在明清至当代的动物佩上，写意造型比起写实造型来，数量少得多，而且种类也比较少。可以说明清至当代动物佩主要是一些写实性的动物题材。在这些题材中很普通的也没有。如老鼠的造型就很少，而多是一些天鹅、鱼、虎等类的造型。这些造型有一个共同的特点，就是多是一些在现实生活当中与人们有距离的动物。当然，还有许多比较可爱的动物造型。总之，是人们喜闻乐见的仿生动物造型，特别是像鱼、天鹅等形象的佩在数量上相当多。

和田玉青海料白玉带糖色鱼

2. 从纹饰上鉴定

明清至当代动物玉佩，在纹饰上特别丰富，常见的主要有龙纹、蟠龙纹、灵芝纹、蟠龙灵芝、鳞纹、锯齿纹、凤纹、羽纹、鹅穿莲纹等。由此可见，明清至当代动物佩在纹饰上的繁荣。这一时期新产生的纹饰比较少，以上纹饰大多都应为不同时代纹饰的延续。明清至当代动物佩在纹饰上有集历代佩的纹饰之大成之势。不过，由以上我们也可以清楚地看到，明清至当代动物佩上的纹饰很多都与一些仿生动物造型有关。如羽纹的种类很多，常见到的如天鹅的造型，在其翅部就有清晰的羽纹，刀法十分清晰，线条流畅，挥洒自如，几乎是写实于天鹅的羽毛。而正是有了这些天鹅的羽毛，整个造型才有了生气，如果没有这些羽毛，那么天鹅的形象看起来应该就是不完整的。由此可见，明清至当代许多纹饰是与造型相互配合的，造型和纹饰相辅相成，互相补充，二者缺一不可。这是明清至当代仿生动物佩在纹饰上的一个重要特征。我们在鉴赏时要引起注意。另外，明清至当代动物佩的纹饰还有一些几何纹，如锯齿纹就较为典型。这些锯齿纹主要装饰在鱼的尾部，也有见装饰于其他地方的情况。这类纹饰主要的特点也不是单独存在，主要是起到描述鱼尾的作用。由此可见，在明清至当代一些古老的几何纹出现，也和羽纹一样，是为了适应造型而出现，只是一种需要而已，而并非是古老的纹饰在明清至当代的动物佩上又有了新的发展。

玉蟾佩 · 清代

玉狮佩 · 清代

玉狮佩·清代

3.从做工上鉴定

明清至当代动物佩的做工精益求精，很少见到做工粗糙，疲于应付的动物佩作品。这些动物佩作品在造型上忠于其原形，是在原形的基础上又对其进行了升华，将仿生动物的各种美集于一身，动静结合，真的是亦真亦幻，美不胜收。在纹饰上是雕刻精美，与造型相互补充，运用了多种雕刻的技法，如镂雕、浮雕、刻画等。总之，通过做工将整个动物表现得活灵活现，在琢磨上更是十分精细，几乎动物的各个隐秘、不容易看到的地方都打磨过了，如动物的爪指之间等，都打磨得十分光滑。

4.从玉质上鉴定

这一时期的动物玉佩玉质精良，由于人们对于动物佩的喜爱，所以几乎是将最好的玉料都用在了动物佩之上。多为软玉制品，有很多是新疆和田玉质。色彩以白色为主，青、墨、褐等各种色彩也都有见，玉内杂质很少见，不太好的玉质也有少量出现，但基本上都属于是偶见。

5.从功能上鉴定

这一时期的动物佩在功能上主要是人们佩戴饰品。与其他佩的功能基本无异。但由于动物佩的造型逼真，玉质之美，相信在当时一定会有很多人将其拿在手中把玩，从而成为市井之上人们用于把玩的瑞玉。另外，很多动物佩还是人们一种美好愿望的象征，如鱼象征年年有余的幸福生活。

和田玉青海料白玉带糖色鱼

和田玉青海料白玉带糖色鱼

四、植物瓜果玉佩

　　植物瓜果玉佩在明清至当代十分流行。从墓葬出土和传世品来看，我们可以发现很多此类题材的佩饰。从功能上看，这一时期的这些植物瓜果佩，在功能上十分复杂，以装饰为主。但这两类器物出土在墓葬当中就令我们非常的奇怪，墓主人意思显然是要让幽冥世界里也长满绿色；从题材上看，实际上让他最为怀念的还是田园的生活，所以刻意地随葬了这两类植物瓜果玉佩的挂件。但这类挂件应该不是专有的随葬明器，可能是下葬时选用的挂件，应该在现实生活当中也有使用。通过这两类实例，我们已经窥视到了这一时期植物瓜果佩的诸多特征。下面，就让我们来归拢一下这一时期植物瓜果佩的诸多特征。

和田玉青海料紫罗兰葫芦

和田白玉福瓜

和田玉俄料碧玉秋叶

和田玉青海料紫罗兰葫芦

1. 从造型上鉴定

明清至当代的植物瓜果纹佩主要有正方形、长方形、椭圆形、圆形、花形、葡萄形、灵芝形等诸多的造型。从以上造型特征看，明清至当代的这类佩的造型多数为传统造型的延续，如正方形、长方形、椭圆形的造型在隋唐宋元时期常见，在其他时代也有见，有的甚至是一模一样的造型。这一点是可以理解的，因为佩的造型就那么几种，只要功能不发生改变，那么佩的造型就很难有其他的突破。明清至当代玉佩的造型与前代一样很少有规则的长方形、正方形等造型，而多是一些在这些基本造型的轮廓之下的枝节造型，就是略微变了形的造型。如长方形的四角为倭角等。总的来看，这一时期的玉佩造型还是以长方形和正方形轮廓的为多，其他的造型比较少，属于偶见。

2. 从纹饰上鉴定

明清至当代植物瓜果佩在纹饰上较为复杂，以花卉纹和花鸟纹为主，瓜果纹也有，但比较少见。花卉纹常见的主要有一枝花朵的花卉纹、花瓣纹等；花鸟纹主要有孔雀花卉、云鹤如意、竹节花鸟、一般的花鸟纹等。瓜果纹主要有枝叶果纹、鸟果纹等。由上可见，这一时期植物花卉纹还是较为复杂。下面，我们就来看这些纹饰的特征。

白玉葫芦佩·清代

和田玉俄料碧玉秋叶

白玉葫芦佩·清代

（1）花卉纹。单纯的花卉纹数量很多，通常是以疏朗和繁缛两种形式出现。疏朗的情况是，周围留白比较多，一朵（枝）花矗立在中央，纹饰较为写实，专门处理枝花的意思很明显；而繁缛的情况是，将整个画面铺得很满，花卉纹较为抽象，如果我们不仔细观察，可能很难看到哪是枝叶，哪是花朵。而花瓣纹的情况是，多是以盛开的花瓣为特征，将花瓣做平面化的处理，但又不是很抽象，我们还可以看得清楚这些花瓣。最典型是在这一时期还出现了一些造型和花瓣相互配合的情况。就是将玉佩也做成花瓣的模样，然后再在花形的玉佩之上饰花纹。这样，纹饰和造型结合起来，就像是一朵盛开的花。这种造型和纹饰在明清至当代较为常见。由此可见，明清至当代的玉佩在花瓣纹上的水平相当高。

和田白玉福瓜

白玉镂空叶形佩·清代

　　（2）花鸟纹。花鸟纹在明清至当代数量众多，特别是一般的花鸟纹数量最多。这些花鸟我们也许不能说出它们的名字，但鸟儿在花丛之中飞舞嬉戏，最是自由自在。这样不知名的花鸟纹数量很多，所谓花鸟纹主要指这类纹饰。另外，就是我们能够看到画面中的纹饰究竟是什么花鸟纹。有的时候，花卉和瓜果纹可能还不好看到，但鸟纹一般都显得非常突出。如孔雀、仙鹤等都可以看得很清楚。当然，还有一些更为复杂的花鸟纹，如造型和纹饰相结合的竹节花鸟纹等，已经将竹节的造型显现了出来，在这种情况下，再配合花鸟纹，这样造型与纹饰实际上是
共同在进行装饰。

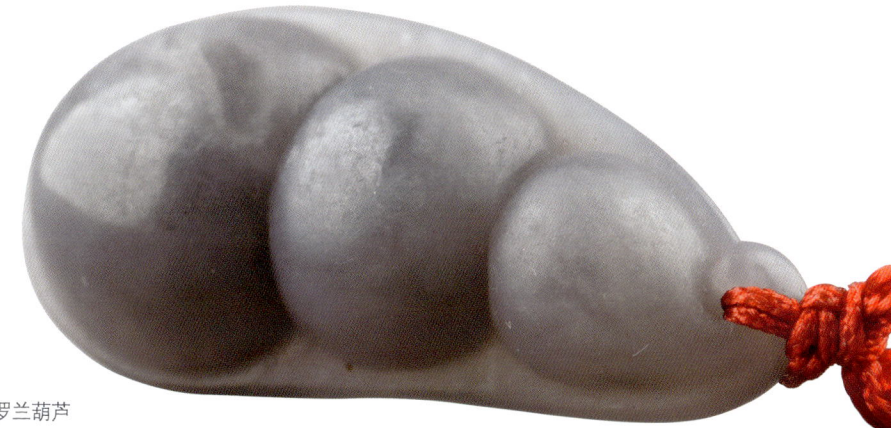

和田玉青海料紫罗兰葫芦

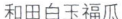

和田白玉福瓜

和田玉俄料碧玉秋叶

　　（3）瓜果纹。瓜果纹在明清至当代的玉佩上见得不多，但也有见到。一般是鸟纹和果纹在一起组合成纹。鸟儿在果树之上嬉戏，鸟纹和果树纹都很清晰，模糊写意的很少见。但对具体的果树以及鸟的种类，一般我们都不能辨识。当然也有单独的瓜果纹的图案，如寿桃佩，多表现为一枝寿桃，现在看来很写实。但我们应该注意到一点，在当时看来应该是对桃子的夸张，因为事实上明清时期的桃子都很小，没有我们现在嫁接过的桃子这么大。也有的果实在图案上时隐时现，多为写意与写实相结合，通常情况下果实不能辨识。

　　3. 从玉质上鉴定

　　明清至当代的植物瓜果佩对于玉质十分重视，玉质细腻、温润，多见和田白玉质，非常的莹润，其他色彩也有，但数量很少。由此可见，明清至当代人们佩玉尚白，如脂玉、乳白、白中泛黄、白如雪等色彩都有，以如脂如玉的色彩为最好，其他次之。很少有如瓷器之"白如雪"的色彩。另外，通体看，整个玉佩一般很少有杂质，哪怕是微小的杂质也很少见。一些白玉佩由于做得比较厚，所以一般情况下也并不都呈微透明状，但当我们放眼望去，看到的却是闪烁着的弱光泽，真的是精美绝伦。

4. 从做工上鉴定

明清至当代的植物瓜果佩在做工上精益求精，几乎没有缺陷，将整个佩饰的造型做得圆度规整，线条流畅，转折弧度自然，流畅大方。纹饰雕琢精细，或生动活泼，或令人生笑，总能引人入胜。纹饰笔道刚劲挺拔，挥洒自如，特别是植物瓜果玉佩大多都是精绝之作，在纹饰上更加突出。从琢磨上看，打磨仔细，打磨不分正背，两面均仔细打磨。对纹饰雕琢部分的打磨也十分精细，不留死角，使整个器物看起来造型隽永，雕刻凝练，手感滑润。

5. 从功能上鉴定

明清至当代的植物瓜果玉佩在功能上很明确，以装饰为主，为人们用于把玩和佩带的装饰玉。但在明清至当代同其他许多玉器一样，从其上好的玉质、精美的纹饰，以及细腻的做工来看，明清至当代的植物瓜果佩应具有重要商品、礼品和赠品的衍生功能。

和田玉青海料紫罗兰葫芦

和田玉俄料碧玉秋叶

五、玉山子

明清至当代是玉山子发展的鼎盛时期。玉山子在传统的基础之上又有了许多新的发展。除了一些传统的小型的玉山子摆件继续发展外，大型玉山子作品发展很快。玉山子上的山峦、泉水、树木、小桥、流水、竹林、仙鹤、麋鹿等雕琢得更为精致，种类更为繁多，玉质和寓意更为丰富，很多都成为这一时期玉器的代表作，成为该时期玉器成就的象征。下面,就让我们来看一看明清至当代的玉山子。

和田玉青海料黄口料山子摆件

和田玉青海料黄口料山子摆件

和田玉青海料黄口料山子摆件

1. 从造型上鉴定

　　明清至当代的玉山子在延续传统的基础之上又增加了许多造型。常见的造型主要有圆形、椭圆形、矩圆形、荔枝形、长方形、扁方形、随形山子等。由此可见，造型增加了许多。但以上都是一些基本的造型，在这些造型之下还有其衍生的枝节性造型，而这些枝节造型多是由这些基本造型的不规则所造成的。更多的是不规则的玉山子造型，这些造型的玉山子都矗立在不同的底座之上，有的是竖立、一些是横着放置，形成了明清至当代千差万别的玉山子造型。当然，这些玉山子造型主要是为了适应山子的内容而设计的。

和田玉青海料黄口料山子摆件

和田玉青海料黄口料山子摆件

2. 从创作手法上鉴定

明清至当代的玉山子在创作手法上主要是"以小见大"，这一点与隋唐宋元时期的玉山子不谋而合，看来应该是传统的延续。用纹饰或者是其他的雕琢手法将一块块的玉料雕琢成为"天地宽广"的山林世界。实际上这是以小见大的创作手法。因为它的载体是小的，而它所要反映的世界是大的。所以玉山子在这一点上没有选择的余地。

3. 从玉质上鉴定

明清至当代，玉山子的玉质温润，质地优良，多采用一些较大的玉料来进行雕琢。从色彩上看，主要有白玉、墨玉、绿玉、青玉等诸多颜色，一般情况下色彩都不是很纯正，多是一些渐变的色彩。

和田玉青海料黄口料山子摆件

和田玉青海料黄口料山子摆件

和田玉青海料黄口料山子摆件

和田玉青海料黄口料山子摆件

和田玉青海料黄口料山子摆件

和田玉青海料黄口料山子摆件

4. 从做工上鉴定

明清至当代，玉山子在做工上精益求精，造型隽永、雕刻凝练、纹饰细腻、线条流畅、刚劲有力；在琢工上非常仔细，很细小的地方都打磨到了，几乎没有留下什么死角。在做工上运用了诸多的雕琢处理方法，如镂空的制作方法，在一些玉笔山上常见有使用。另外还有许多如浮雕、浅浮雕、透雕、立体、隐起、抛光选择等手法，对玉山子进行立体、全方位的处理。处理的结果使得山峦起伏不平，小桥流水的壮观景象都现于玉山之上，真的是如进入了幻境，非常具有观赏价值。

5. 从功能上鉴定

明清至当代玉山子的功能继承了传统。如观赏和陈设的功能仍然是主要功能，被人们用来作为观景器。当然，还有许多枝节功能也被延续了下来，如作为笔架使用的玉山子也常见。但明清至当代玉山子的功能显然是日趋复杂化了，许多功能被放大了。如寿山石就常见。人们将"寿比南山"的观念引入到了玉山子之上。类似这样的功能加强和新增的还有很多，我们在鉴赏时应注意体会。

和田玉青海料黄口料山子摆件　　和田玉青海料黄口料山子摆件　　和田玉青海料黄口料山子摆件

6. 从大型玉山子上鉴定

　　明清至当代大型玉山子不断涌现。这些大型的玉山子在制作上相当复杂，需耗数年才能完成。所表现的场面宏大，郁郁葱葱，为我们描绘了一个万千的山林世界。我们来看一件实例，"玉寿山。即丹台春晓玉山，原名南山积翠玉山。玉山如屏，重峦叠嶂，瀑布倾泻，石室隐现，麋鹿悠游，二童采药而归，琢磨得胜似笔墨，表现了神仙所居的丹台妙境。该玉现存乐寿堂明内东侧。原玉器重1500千克，连铜座高138.5厘米，宽163厘米，厚99厘米，由院画家方琮和苏州名玉工邹景德画稿，经两淮盐政玉作于乾隆四十二年至四十五年（1777～1780）十月，用近四年时间完成"（杨伯达，1993）。由上可见，这件著名的玉寿山场面之宏大，描述了南山春天的一派盎然生机。首先表述的是南山重峦叠嶂的雄姿，然后是瀑布从山顶之上飞流直下。这是先给人们一个直白的山峦形象，因为中国人一般认为"有山有水"才是完美的山，不然就不是山。实际上这也是一个自然现象，但这种现象在玉雕之上被人们程式化了。不过，再好的山水如果没有了人，或者是人性化的东西体现不出来，也是索然无味的事情。正所谓"山不在高，有仙则灵""水不在深，有龙则灵"，这才是中国人的山水观念。所以，在玉山之上人性化图案是必备的。这时，我们可以看到石室出现了，石室自然是人工的建筑了，虽然是隐现，但毕竟人性化的图案介入到了山峦之中。接下来动物也出现了，动物是麋鹿，这主要是为了紧扣主题的需要，鹿是祥瑞的动物，很早人们就将鹿作为一种神灵来崇拜。在西周时期虢国墓地就出现了大量的鹿造型玉雕，这切合了该幅巨型山子的主题。接下来的纹饰也是这样，是两童子采药而归的场景。如果说刚才所描述的还比较隐晦的话，那么现在则是直奔主题，终于人的形象出现了，是两个采药的童子。虽然这仍没有直接道出祝寿的寓意，但童子的出现却将这仙界的圣境描述得一览无余，因为神仙是不会老的。这样，山石的所有内涵就完全被释放了出来。由此可见，其画面的意境之深刻，虽然没有老人和神仙出现，但却将"寿比南山"的寓意表达得淋漓尽致，在环节上一步紧跟着一步，环环相扣，真的是层次分明，布局合理。更让我们惊奇的是如此复杂的纹饰是如何完美地被雕琢在玉山之上的呢？上面的器物描述已经告诉我们，是循画稿而上。可见，这么复杂的纹饰题材能够完成，主要是得益于将中国山水画艺术引入了玉器之中。这应该是大型玉雕在这方面的一大创举。这一点从其他明清大型玉山，如故宫的镇馆之宝大禹治水图玉山上看也是如此。"大禹治水图"并不是清代所创，而是模仿宋画而成。从重量上看，此例玉寿山的造型非常大，也相当重，这样的玉山的确是少见。由此可见，其规模之宏大。从制作时间上看，这件玉寿山的完成用了四年的时间，时间之长，一是反映了制作这件大型玉雕的困难程度和玉山之复杂；二是反映了人们对于大型玉山作品的期盼，无论需要多长的时间也要完成。它实际是人们对于美好事物的一种向往。

像这样的玉寿山以及其他的大型玉山，在明清两代还有很多，当然有很多没有保存下来。但仅从保存下来的大型玉山上看，数量就不少。由此可见，在当时玉山子应该还是非常流行的。其气势雄伟的造型，装饰繁缛，而富有层次感的纹饰，使得人们如痴如醉。可以说件件都是精品力作，代表着明清至当代最高的制玉水平，受到帝王将相、普通百姓的普遍喜爱。

和田玉青海料黄口料山子摆件

和田玉青海料黄口料山子摆件

和田玉青海料白玉观音　　　　　　　　　　　　　和田玉青海料白玉观音

六、玉佛像

　　玉佛像在明清至当代十分流行，这与明清至当代的佛教有关。在明清至当代，信奉佛教的人很多，而且非常普及，人们不满足于到寺院之中烧香拜佛，而是在自己的家中设置佛龛进行顶礼膜拜。佛像的材质多种多样，常见的就有泥质、锡质、银质、金质、镏金铜质、铜质、玉质等诸多质地的造型。从传世和出土的文物来看，小型的佛像主要是以铜佛和玉佛为主。玉佛与铜佛的形象大多数比较接近，但在处理手法上略微有些不同。我们在鉴赏玉佛时要注意相互借鉴。下面就让我们来看一看明清至当代玉佛。

和田玉白玉佛雕件

1. 从造型上鉴定

明清至当代玉佛像的造型规整，种类繁多。常见的玉佛像主要有观音、达摩、弥勒、罗汉、送子菩萨等。由上可见，这一时期的玉佛像造型并不是太多，而这几种佛像都是人们极为熟悉的形象。实际上明清至当代的玉佛像就是这样的，较为生僻的佛像很少，也没有很深的佛教文化内涵在里面，多是一些人们熟悉和喜闻乐见的形象。特别是玉观音最为常见，几乎是占据了玉佛像的半壁江山，数量特别多。其他佛教人物造型少一些，但也常见。从这些造型上看，造型是非常严谨的，基本都是按照当时已经固定下来各种佛的形象来刻画。如弥勒佛，总是大肚翩翩、笑口常开的样子，与其他质地弥勒佛形象基本一致。同样，观音、达摩的形象都是这样。由此可见，在明清至当代，这些玉佛像的造型已经基本固定化了。但这种固定化只是基本造型的固定化，而并非是僵化，很多玉佛在其基本造型保持不变的情况下，造型的细节特征有诸多的变化。如不同的玉观音所做的动作也有很大区别，有的是站姿，有的是坐姿，另一些是卧姿。这些不同的动作所连带出的表情也有所不同。从多件玉观音造像和其他的玉佛像来看，玉佛像的表情与姿态有着很大的关联，二者相辅相成，互相联动。这样从造型上就构成了动感、生命感极强的玉佛。另外，玉佛像衣带多比一般的人物要复杂，衣带飘逸。如风吹起的裙摆，这些都是玉佛所不可缺少的。在造型上运用雕琢等手段，将不论是轻纱，还是裸露的肌肤，都表现得淋漓尽致。以上是明清至当代玉佛像在造型上的特征，我们在鉴赏时应注意分辨。

和田玉青海料白玉观音

和田玉青海料白玉观音

和田玉白玉佛

和田玉青海料白玉带翠观音

和田玉白玉佛

和田玉青海料白玉观音

和田玉白玉佛雕件

和田玉白玉佛雕件

和田玉青海料白玉观音

和田玉青海料白玉观音

和田玉青海料白玉带翠观音

和田玉青海料白玉观音

2. 从纹饰上鉴定

明清至当代玉佛像的纹饰非常丰富，但以衣带纹和一些佛教纹饰为主。衣带纹主要是用长条线刻画，线条流畅，几乎找不到很多停顿的地方，融会贯通地将整个佛像的衣带刻画得惟妙惟肖。纹饰配合雕刻，将佛像装饰得生命感极其强烈，基本上有呼之欲出的感觉，非常有震撼力。观音的裙摆上就常常有各种衣带纹，再配合卷起的衣裙，看似腾云驾雾，或在天上打坐。总之，这一时期玉佛像上的衣带纹也是各不相同，种类繁多。但主要是根据其造型来刻画，服务于造型和衣带的飘逸。另外，明清至当代的玉佛像还有一些特有的纹饰，这就是明显带有佛教意味的纹饰，如忍冬纹等。但这一类的纹饰不是很好区别。总之，佛像上的纹饰虽然很丰富，但以衣纹为主要特征，其他的纹饰不是太多。对于玉佛像的纹饰，我们在鉴赏时注意分辨就可以了。

和田玉白玉佛

和田玉白玉佛

和田玉白玉佛雕件

和田玉白玉佛

和田玉白玉佛雕件

和田玉青海料白玉观音

和田玉青海料白玉观音

3. 从做工上鉴定

明清至当代玉佛像在做工上精益求精，我们很难找到有敷衍应付的作品，这可能与佛像的功能有关。因为明清至当代，佛教虽然不能说是盛行，但在人们心中的地位还是比较重的。所以，对于玉佛像的制作都是精工细琢，几乎是竭尽全力，无论是在造型、纹饰，还是在雕琢方法都表现得十分认真。镂雕、浮雕、刻画等雕刻技法常见。明清玉佛像对于琢工非常重视，因为琢磨对于玉佛像来讲十分重要，佛的一尘不染、脱离红尘之感等都要靠琢磨的细致程度来体现。一件琢工很差劲的玉雕佛像人们一定不会认可，一定不是人们心中的佛。所以，玉佛像在琢磨上应是一丝不苟。将佛像的上上下下、缝隙之间都打磨得异常干净、手感光滑，具有润泽感，这才是人们心中的保护神。

和田玉青海料白玉观音

和田玉青海料白玉观音

和田玉青海料白玉观音

4. 从玉质上鉴定

明清至当代玉佛像在玉质上非常精良，可谓是玉质细腻，冰清玉洁。从玉的表面，特别是经过抛光后，几乎看不到任何的杂质。玉质多采用上好的软玉制品。多以白玉、青玉等玉色为主要特征，其他的玉色也经常可以看到。但无论是怎样的玉色，在色彩上都非常纯正，渐变色彩很少。这可能也与佛像的造型有关。佛一般都是很严肃的，俏色玉似乎是不太严肃，所以在明清至当代，俏色玉佛像的造型看起来很少见。从玉料的大小上看，明清至当代玉佛像应该是玉器中造型比较大的了，一般 50～70 厘米的常见，但比这高和矮的造型都有。由此可见，这样大的玉器所需要的玉料一定都很大。看来，明清至当代，人们对佛的崇敬之情很高涨。

和田玉青海料白玉观音

和田玉青海料白玉观音

和田玉青海料白玉带翠观音

和田玉白玉佛

和田玉白玉佛雕件

5. 从功能上鉴定

明清至当代的玉佛像应该有膜拜的功能。但从其温润的玉质、精致的做工、繁缛的装饰、圆度规整的造型等特征上看，这一时期的玉佛像除了用于膜拜外，应还具有非常强的观赏功能。从其造型大小上来看，应是放置于某处用于观赏的陈设器皿。在很多时候，它们应是作为一种观赏器而存在，或者是被人们所收藏，而并不是佛教徒膜拜的对象。从其贵重程度上讲，在当时能够拥有玉佛像的人一定不多，多是一些很有身份和富有的人。显然，玉雕佛像在明清至当代主要流行于上层社会。

和田玉青海料白玉观音

和田玉青海料白玉观音

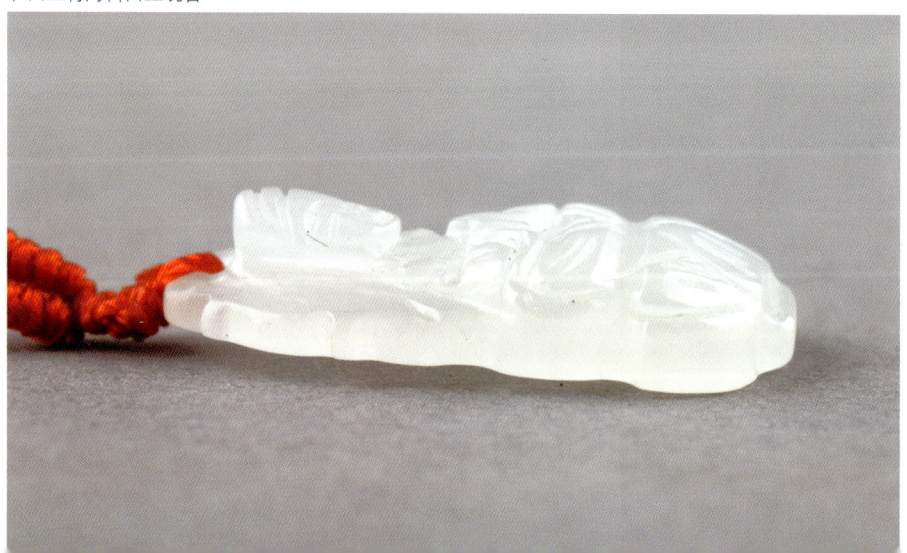

和田玉青海料白玉观音

和田玉青海料白玉观音

七、陆子刚玉

　　陆子刚是明代著名的玉工匠，也是极少数在玉器上留下姓名的玉工之一。因为很多玉工都不留名。从诸多资料上看，或许有许多玉器在制作上也是相当的精致，但它们没有子刚玉有名。子刚玉在明清至当代影响深远，以至于有许多玉器之上都刻上了子刚铭。实际上，真正的子刚玉很难确定。不过，凡是署子刚铭的明清玉器，无论在玉质、造型、做工上都是精益求精，在事实上形成了一个子刚玉群，造型众多，精美绝伦。对于这些玉器，我们应当仔细辨别，以期能观大师的风采。大师陆子刚生活的时代是在明代晚期。明代逐渐形成了以苏州为中心的制玉中心。明宋应星《天工开物》载："良玉虽集京师，工巧则推苏郡（今苏州）。"而著名大师陆子刚就出自苏州。下面就让我们来看一看精美绝伦的子刚玉。

子刚玉风格和田玉青海料白玉带糖色鱼

子刚玉风格和田白玉吊坠

子刚玉风格浓郁白玉带钩·清代

1. 从造型上鉴定

明清至当代陆子刚玉在造型上十分丰富，目前常见的主要有玉佩、玉簪、玉文房用具、玉壶、碗盘、盒子等。由此可见，子刚玉在造型上种类众多，涉及了不同的器物种类。文房用具所见到的不是很全，如砚、臂搁等；玉簪子所见也不是很多；碗、盘、盒也属偶见。以上这些造型制作都非常精致，圆度规整，在做工上相当细腻，从造型上看堪称精绝之作。但对于这些造型，由于数量较少，我们了解就可以了。子刚玉造型最多，常见的大多为玉佩。玉佩的造型以正方形和长方形为主，特别是以长方形为多。由此可见，子刚玉佩在造型上基本上延续了传统，并没有过多花哨的造型，反而是造型十分规整。但就是在这方寸之间，大师陆子刚做出了几乎绝美的子刚佩，这就是子刚玉的造型，极为简洁明快。

2. 从纹饰上鉴定

子刚玉的纹饰相当复杂。大师陆子刚在极为传统和简单的造型上用纹饰表现了一个大千世界。子刚玉的纹饰很多，但常见的主要有龙纹、山水、人物、竹子纹、亭台水榭等。由上可见，子刚玉的纹饰种类还是不少的。但一些纹饰见得比较少，如龙纹、竹纹等所见不多。亭台多与玉海相配合。这些纹饰一般都以繁缛为多，将整个玉器表面填满。但从数量上看，能够见到的情况很少，我们了解就可以了。实际上，子刚玉在纹饰上最善于描述的是山水、人物，而这些纹饰又是在玉佩之上刻画。看来大师陆子刚应该是一位精通书画的高手。因为在明清至当代，山水画已经誉满天下，许多大师都精通山水人物画，想必陆子刚大师也应该是这样的人物。在规整的平面片雕玉佩的方寸之地刻画山水，这些画面纹饰层次感很强。我们来大致看一下：如很平常的一幅山水图，多用很小的点在最上方的左或者右来表示太阳。或表示西边的太阳。或者表示东边的太阳，太阳左右位置代表着早中晚三个时段。在太阳左右侧多有一些天边的浮云在飘荡，但浮云只是几朵，主要以线条带过，而且距离太阳有相当的距离。估计是考虑到了如果将浮云放在太阳之下，或是相近之处，有可能代表着雨天的太阳等。总之，子刚玉在这些细节的方面考虑得特别多，处处给人以一种真实的感觉。在浮云之下，略微起伏的线条则一般代表的是山川大地，给人的感觉显然是起伏的山岭层峦叠嶂。一般情况下接着就会是水波纹，也是用很简略的线条勾画。最后，在最下面的部分刻画上一些近景的小草或者是树木之类，这自然就象征着山对面的另外一片大地，也就是我们视线立足的地方。虽然我们不是画中人，但我们显然有画中人的这种感觉。当然，在子刚玉中像这样的山水图画很多，每一幅都有区别。我们在鉴赏的过程当中要与上面所述进行对比，且主要是通过以上来理解子刚玉在勾画图案的过程中的一贯风格。其风格应当首先是相当细腻，观察力很深刻，主要刻画了山与水、太阳与云、山与视点间的关系和植物与山水的关系。用尽心力处理的是它们的位置和逻辑关系，而画面则显得较为简单。可以说是简略到了极点，但还是给予人们了许多引导，这才是子刚玉在纹饰上的本质特征。当然，子刚玉在具体的纹饰特征上十分复杂，有很多不同种类的山水和人物画面，但特征都与上面所述相同。具体的实例就不再一一赘述了。总之，我们在鉴赏时要注意分辨。

　　另外，子刚玉在刻画纹饰的同时，还特别注意与诗文结合。在诗文结合上一般多是在佩的一面饰文，而在另外一面装饰纹饰。诗文的内容大多与纹饰相合，也有的是两面都饰纹，两面都题字。题字字迹工整，纹饰线条流畅，刚劲挺拔。由以上可见，子刚玉对于纹饰装饰尤为重视，有以纹取胜的特征。

3. 从玉质上鉴定

子刚玉的玉质优良，多为和田玉，也有其他的软玉质地，玉质温润，极为精细，多使用玉料的精华部分，边角料部分很少见，利用旧玉改造的情况也十分少见。从杂质上看，玉料匀净，几乎看不到杂质，通透感较强。特别是子刚佩从外表看多为微透明，玉色以白玉为主，有脂玉、纯白、乳白、黄白等诸多色调，其他色彩如青玉、黄玉、墨玉等都有。但不论是什么玉料，子刚玉在玉质上都是经过精挑细选过的，玉质相当好，基本上没有粗质的。我们在鉴定时应注意分辨。

4. 从做工上鉴定

明清至当代，子刚玉在做工上是最为人们所称道的了，在做工上不以繁缛的纹饰，或者是多变的造型来取胜，而是工于精细。在造型上基本上没有任何的变形器，或是错位感。所以，我们在看到子刚佩的时候会有一种标准造型的感觉。在纹饰的做工上，精于山水图案更深层次的描写。一块很小的玉佩，它所能表现的内容其实是很少的，要将大幅的山水画融合在其中，真的是太不容易了。这又不能做成微缩的山水图，而是要让人们像看真正的山水画一样的感觉。子刚玉在做工上主要运用了将山水画再创作的方法，挑其精华表现在玉佩之上，最终的目的是以小博大，使人们看到的每一点都有将现实生活当中的山水画面放大的功能。这样，人们看起来的山水图子刚佩就如同在欣赏一幅幅的山水画。美在山水画意之中，这才是子刚玉在做工上的精妙之处。另外，从琢工上看，子刚玉在琢工上是精益求精，不放过任何细节，以至于我们看到的子刚玉都是一些精绝之作，手感滑润，致密细腻。

5. 从功能上鉴定

子刚玉从功能上看主要以佩饰为主，其他如臂搁等造型多为文房用具的一种。另外，如簪子的功能主要为发饰。总之，功能随着造型而变化，不同的造型其功能不同。玉佩佩戴在人们的身上可用于把玩和观赏，特别是佩带子刚玉佩，在明清应该是一种时尚。因为子刚玉在明清至当代都比较有名。看来，君子爱玉话比德的观念在明清至当代都很强劲。

第四章　识市场

第一节　逛市场

一、国有文物商店

国有文物商店收藏的和田玉具有其他
艺术品销售实体所不具备的优势：一是实
力雄厚；二是古代和田玉数量较多；三是
中高级鉴定专业鉴定人员多；四是在进货渠
道上层层把关；五是国有企业集体定价，价格不会
太离谱。国有文物商店是我们购买和田玉的好去处。下面我们具体
来看一看表 4-1。

仿红山文化玉鸟·西周晚期

表 4-1　国有文物商店和田玉品质优劣表

名称	时代	品种	数量	品质	体积	检测	市场
和田玉	商周	较多	少见	优／普	小器为主	通常无	国有文物商店
	汉唐	较多	少见	优／普	小器为主	通常无	
	宋元	较多	少见	优／普	小器为主	通常无	
	明清	较多	少见	优／普	小器为主	通常无	
	民国	较多	少见	优／普	小器为主	通常无	
	当代	多	多	优／普	大小兼备	有／无	

和田玉白玉福瓜

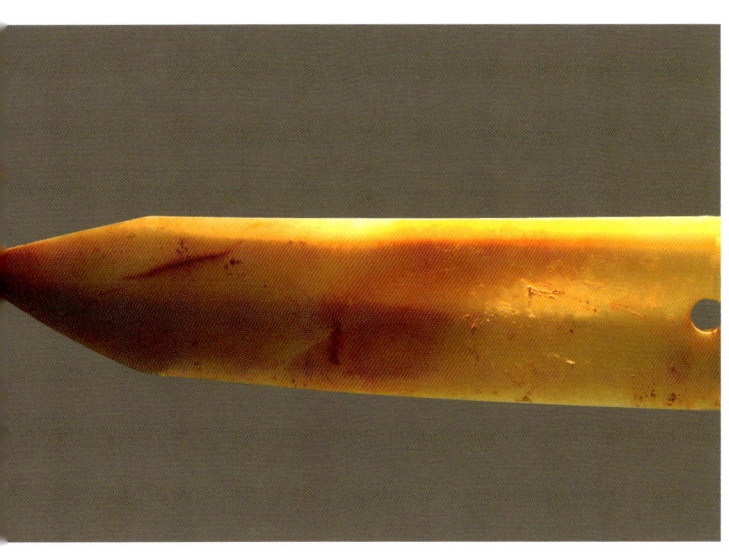

和田玉戈·西周

　　由表 4-1 可见，从时代上看，国有文物商店的和田玉各个历史时期的都有，囊括了商周、汉唐、宋元、明清、民国及当代。当然，主要是以明清时期为主。这是因为，明清时期的和田玉传世品较多，而其他古玉由于时代久远，多数都是随葬在墓葬当中，经科学发掘出土后，多数保存在博物馆当中，是不可能拿出来销售的。

　　从品种上看，古代和田玉在品种上主要以色彩区分，这与当代基本相似。如白玉、青白玉、黄玉、碧玉、墨玉等。当时没有当代玉器分得那么细。如古代基本上没有青花、烟青等的分法，青花在古代是囊括在墨玉之内的。

和田玉俄料碧玉秋叶

从数量上看，国有文物商店内的古代和田玉极为少见，明清、民国时期的较为常见，但数量也不多。当代和田玉在数量上明显增多，这与当代和田玉概念的广义化有关。只要是达到和田玉物理性质标准的玉器都可以称之为和田玉，不仅仅是新疆和田地区出产的透闪石类玉是和田玉。依据这个标准，在中国玉器市场上出现了和田玉青海料、俄罗斯料、韩国料、加拿大料、贵州料、四川料、辽宁料、台湾料等。实际上，广义和田玉的产地范围相当大，因此文物商店内的和田玉并不一定是新疆和田玉，这一点我们在鉴定时应注意分辨。

从体积上看，国有文物商店内的和田玉虽然在古代有一些大器，但是保存下来的很少。因此，国有文物商店内的古玉现状基本上是以小器为主，只有当代和田玉在体积上可以称之为是大小兼备。从检测上看，古代和田玉在文物商店内多数没有检测证书，当代的可能有一些。优劣真伪基本上靠自己判断。

精美绝伦的玉璧·西周晚期

优化和田玉新疆籽料把件

和田墨玉琮·西周

玉琮·西周

和田玉青海料黄口料山子摆件

和田玉俄料碧玉秋叶

沁色严重和田玉执壶（三维复原色彩图）·西周

二、大中型古玩市场

大中型古玩市场是和田玉销售的主战场。如北京的琉璃厂、潘家园等，以及郑州古玩城、兰州古玩城、武汉古玩城等都属于比较大的古玩市场，集中了很多和田玉销售商。像北京的报国寺市场只能算作是中型的古玩市场。下面我们具体来看一下表 4-2。

表 4-2 大中型古玩市场和田玉品质优劣表

名称	时代	品种	数量	品质	体积	检测	市场
和田玉	商周	较多	少见	优／普	小器为主	通常无	大中型古玩市场
	汉唐	较多	少见	优／普	小器为主	通常无	
	宋元	较多	少见	优／普	小器为主	通常无	
	明清	较多	少见	优／普	小器为主	通常无	
	民国	较多	少见	优／普	小器为主	通常无	
	当代	多	多	优／普	大小兼备	有／无	

和田玉青海料青玉雕件牌

和田玉青海料青玉雕件牌

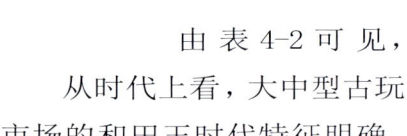

和田玉青海黄口料碗（三维复原色彩图）

由表 4-2 可见，从时代上看，大中型古玩市场的和田玉时代特征明确，商周、汉唐、明清、民国和当代都有见，只是古董和田玉比较少见，需要逛很多摊位才能找到。而当代和田玉则到处都是。从品种上看，古代和田玉品种少一些，主要以白玉、青玉、青白玉、黄玉为主；而当代品种多一些，除了传统的色彩之外，还加入糖玉、青花、翠青、烟青等色。从数量上看，以明清和当代玉器为多见，其他时代的古玉数量都很少见。从品质上看，和田玉在品质上以古代为上。特别是商周时期的古玉器以精致为主，普通料也有见，但不是很多。这一传统直至明清。民国时期在品质上略差一些。当代和田玉在品质上基本上形成了优质和普通并存的格局。从体积上看，大中型市场内的和田玉古代以小件为主，很少见到大器；当代的和田玉大小兼备。从检测上看，古代和田玉很少见到检测证书，当代和田玉基本上都有检测证书。当然，一些明料可能没有检测证书。

和田青玉镯（三维复原色彩图）·西周晚期

和田玉青海料白玉平安扣

和田玉青海料青玉执壶（三维复原色彩图）

和田青玉执壶（三维复原色彩图）·西周

沁色严重和田玉执壶（三维复原色彩图）·西周

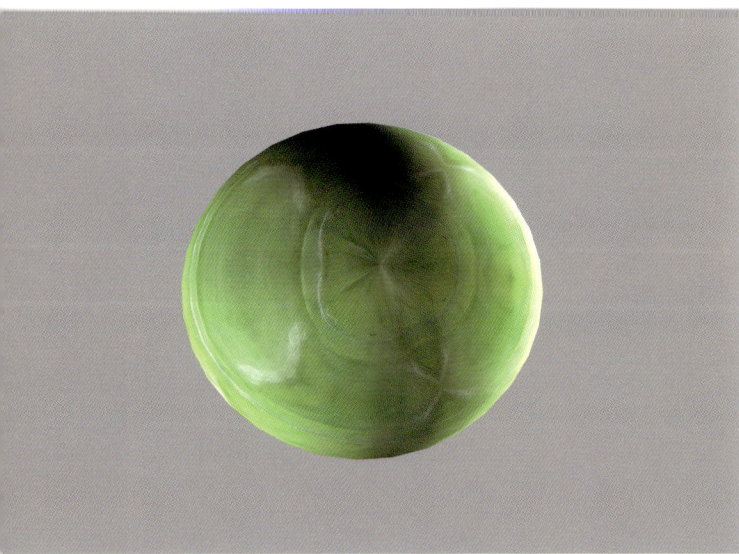

和田玉俄料碧玉珠（三维复原色彩图）

和田玉镯（三维复原色彩图）·西周晚期

和田玉青海料紫罗兰执壶（三维复原色彩图）

三、自发形成的古玩市场

这类市场三五户成群，大一点的几十户。这类市场不很稳定，有时不停地换地方，但却是我们购买和田玉的好地方，我们具体来看一下表4-3。

表4-3 自发古玩市场和田玉品质优劣表

名称	时代	品种	数量	品质	体积	检测	市场
和田玉	商周	较少	少见	优／普	小器为主	通常无	自发形成的古玩市场
	汉唐	较少	少见	优／普	小器为主	通常无	
	宋元	较多	少见	优／普	小器为主	通常无	
	明清	较多	少见	优／普	小器为主	通常无	
	民国	较多	少见	优／普	小器为主	通常无	
	当代	多	多	优／普	大小兼备	有／无	

和田玉白玉佛

和田玉白玉福瓜　　　　　　　　　　和田玉青海黄口料玉镯（三维复原色彩图）

　　由 4-3 可见，从时代上看，自发形成的古玩市场上的商周、汉唐宋元时期的和田玉很少见到，即使有见，多是一些质量粗略的低仿品；以明清时期为多见。当代和田玉十分常见。从品种上看，自发形成的古玩市场上的古代和田玉在品种上比较少，以青玉、白玉、青白玉为多见。明清和民国时期基本延续这一特征。当代品质多起来，和田玉各种色彩的玉器都能在这类市场上找到。从数量上看，古代和田玉数量很少，有的市场上可能就没有真品。明清及民国时期有见一些玉器，但在品质上也是比较差，好的和田玉以当代为主。从品质上看，高古的和田玉在自发形成的古玩市场上品质不是很好，优质更少；而当代则是优劣平衡，特别差的也很少见。从体积上看，古代和田玉在体积上主要以小器为主，因为只有一些小件躲在某个狭小的空间内得以保存良好，多数玉器残缺不全，所以往往都是以小器为主；而当代玉器由于在玉料上比以往任何时代都充足，所以大小兼备。从检测上看，这类自发形成的小市场上基本没有检测证书，全靠眼力。

和田玉青海料青玉平安扣

和田玉青海料青玉执壶（三维复原色彩图）

四、大型商场

　　大型商场内也是和田玉销售的好地方。因为
和田玉本身就是奢侈品，同大型商场血脉相连。大型商场内的和田
玉琳琅满目，各种和田玉应有尽有，在和田玉市场上占据着主要位置。
下面我们具体来看一下表4-4。

表4-4　大型商场和田玉品质优劣表

名称	时代	品种	数量	品质	体积	检测	市场
和田玉	当代	多	多	优／普	大小兼备	有／无	大型商场

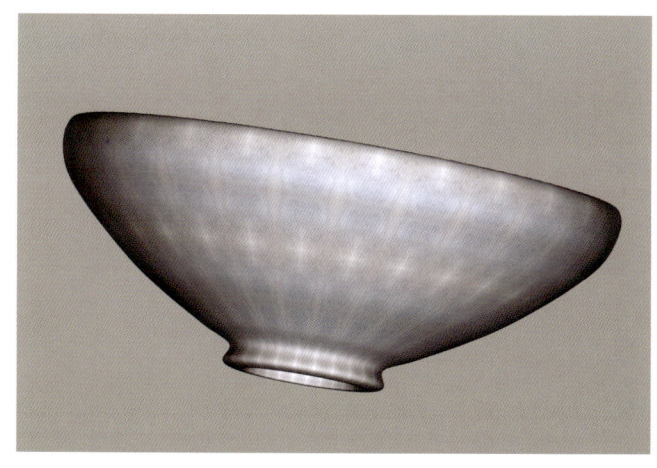

和田玉青海料紫罗兰碗（三维复原色彩图）

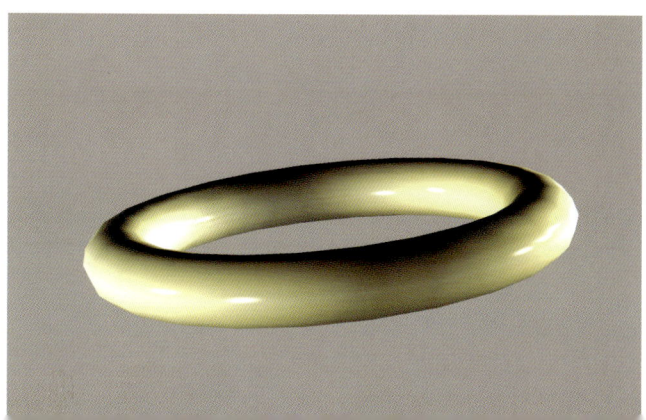

和田玉青海黄口料镯（三维复原色彩图）

由表 4-4 可见，从时代上看，大型商场内的和田玉以当代为主，古代基本没有。原因可能是通常情况下没有销售古玩的资质。从品种上看，商场内和田玉的种类非常多，有羊脂白、白玉、糖玉、青白玉、青玉、黄玉、碧玉、青花、翠青、烟青、墨玉等，品种特别齐全。从数量上看，无论是哪一个品种的和田玉在大型商场内数量都非常多，不缺货，可以随意挑选。从品质上看，大型商场内的和田玉在品质上以优良料为主，普通者有见，但是粗者很少见。从体积上看，大型商场内和田玉大小兼备，小到戒指、串珠、耳坠、挂件，大到山子、摆件、佛像、观音等都有见。从检测上看，大型商场内的和田玉多数都有检测证书，真伪比较靠谱，但优劣需要自己判断。特别是和田玉各种料子的判别，如新疆料、俄料、青海料、罗甸料、韩国料等。

和田玉青海料白玉平安扣

和田玉俄料白玉带糖执壶（三维复原色彩图）

和田玉青海料黄口料辣椒

和田玉俄料碧玉秋叶

和田玉青海料、玛瑙组合手串

和田玉青海料紫罗兰镯（三维复原色彩图）

和田玉青海料黄口料山子摆件

五、大型展会

大型展会，如和田玉订货会、工艺品展会、文物博览会等成为和田玉销售的新市场。下面我们具体来看一下表4-5。

表 4-5 大型展会和田玉品质优劣表

名称	时代	品种	数量	品质	体积	检测	市场
和田玉	商周	较少	少见	优／普	小器为主	通常无	大型展会
	汉唐	较少	少见	优／普	小器为主	通常无	
	宋元	较多	少见	优／普	小器为主	通常无	
	明清	较多	少见	优／普	小器为主	通常无	
	民国	较多	少见	优／普	小器为主	通常无	
	当代	多	多	优／普	大小兼备	有／无	

和田玉青海料青玉平安扣

和田玉青海料青玉平安扣

和田玉青海料青玉辣椒

和田玉青海料白玉辣椒

　　由表 4-5 可见，从时代上看，大型展会上的古董和田玉虽然各个时代都有见，但主要以明清、民国为多见，且总量很少。多数展览会上展示和销售的是当代和田玉。从品种上看，大型展会和田玉品种比较多，已知的和田玉品种基本上展会上都能找到。从数量上看，各种和田玉琳琅满目，数量很多，各个批发的摊位上都可以看到整麻袋的串珠等。从品质上看，大型展会上的和田玉在品质上可谓是优良者有见，更有见普通者，但是低等级的和田玉很少见。从体积上看，大型展会上的和田玉在体积上大小都有见，体积已不是和田玉价格高低的标志。这与当代和田玉原石开采的规模化有关，主要以玉质为判断标准。从检测上看，大型展会上的和田玉多数无检测报告，只有少数有检测报告，主要还是依靠我们自己来进行鉴定。

六、网上淘宝

网上购物近些年来成为时尚，同样网上也可以购买和田玉。上网搜索会出现许多销售和田玉的网站，下面我们通过表4-6来具体看一下。

表4-6 网络市场和田玉品质优劣表

名称	时代	品种	数量	品质	体积	检测	市场
和田玉	商周	较少	少见	优／普	小器为主	通常无	网络市场
	汉唐	较少	少见	优／普	小器为主	通常无	
	宋元	较多	少见	优／普	小器为主	通常无	
	明清	较多	少见	优／普	小器为主	通常无	
	民国	较多	少见	优／普	小器为主	通常无	
	当代	多	多	优／普	大小兼备	有／无	

和田玉青海料黄口料山子摆件

　　由表 4-6 可见，从时代上看，网上淘宝可以很便捷地买到各个时代的和田玉，但由于不能看到实物，风险也比较大。从品种上看，和田玉的品种极全，几乎囊括了所有的和田玉品类。如羊脂白、白玉、糖玉、青白玉、青玉、黄玉、碧玉、青花、翠青、烟青、墨玉等。从数量上看，各种和田玉的数量也是应有尽有，只不过相对来讲当代和田玉最多。从品质上看，古代和田玉的品质以优良和普通为主，但数量很少，几乎可以忽略不计，主要以当代和田玉为销售对象，优良、普通者都有见。从体积上看，古代和田玉在网上大小兼具，但是真品少之又少，几乎没有人在网上买古代玉器。而当代则是大小兼备。从检测上看，网上淘宝而来的和田玉大多没有检测证书，仅一小部分有检测证书。

和田玉青海料黄口料山子摆件

龙首形笄饰·西周

七、拍卖行

　　和田玉拍卖是拍卖行传统的业务之一，是我们淘宝的好地方。具体我们来看一下表 4-7。

表 4-7　拍卖行和田玉品质优劣表

名称	时代	品种	数量	品质	体积	检测	市场
和田玉	商周	较少	少见	优／普	小器为主	通常无	拍卖行
	汉唐	较少	少见	优／普	小器为主	通常无	
	宋元	较多	少见	优／普	小器为主	通常无	
	明清	较多	少见	优／普	小器为主	通常无	
	民国	较多	少见	优／普	小器为主	通常无	
	当代	多	多	优／普	大小兼备	有／无	

和田玉白玉佛

和田玉青海料白玉平安扣

和田玉青海料紫罗兰执壶（二维复原色彩图）

　　由表 4-7 可见，从时代上看，拍卖行的和田玉各个历史时期的都有见，但以明清时期为主，高古玉不是很多。同样，民国时期的玉器也不常见。当代玉器有见。从品种上看，拍卖行的和田玉在品种上并不是很全，以白玉、糖玉、青白玉、黄玉等为主，碧玉和墨玉等很少见。这与拍卖的特点是相适应的。由于是拍卖，一般都是价值比较高的玉器，而古代价值比较高的无疑是白玉和青白玉，当代无疑是白玉和糖玉等，所以才会出现这种格局。从数量上看，高古和田玉极少见有拍卖；而明清、民国时期则是比较常见。但是相对于当代还是属于绝对的少数。从品质上看，古代和田玉优良和普通的质地都有见，当代基本上也是这样。从体积上看，古代和田玉在拍卖行出现基本无大器，只是偶见大器；当代和田玉在体积上则是呈现出多元化的趋势，大小兼备。从检测上看，拍卖场上的和田玉一般情况下都没有检测证书，其原因是和田玉其实比较容易检测，有的时候目测一下就可以了。所以拍卖行鉴定时基本可以过滤掉伪的和田玉。

和田玉青海料白玉辣椒

和田玉青海料黄口料辣椒

和田玉青海料、玛瑙组合手串

八、典当行

典当行也是购买和田玉的好去处。典当行的特点是对来货把关比较严格，一般都是死当的和田玉制品才会被用来销售。具体我们来看一下表 4-8。

表 4-8 典当行和田玉品质优劣表

名称	时代	品种	数量	品质	体积	检测	市场
和田玉	商周	较少	少见	优／普	小器为主	通常无	典当行
	汉唐	较少	少见	优／普	小器为主	通常无	
	宋元	较多	少见	优／普	小器为主	通常无	
	明清	较多	少见	优／普	小器为主	通常无	
	民国	较多	少见	优／普	小器为主	通常无	
	当代	多	多	优／普	大小兼备	有／无	

和田玉青海料青玉平安扣

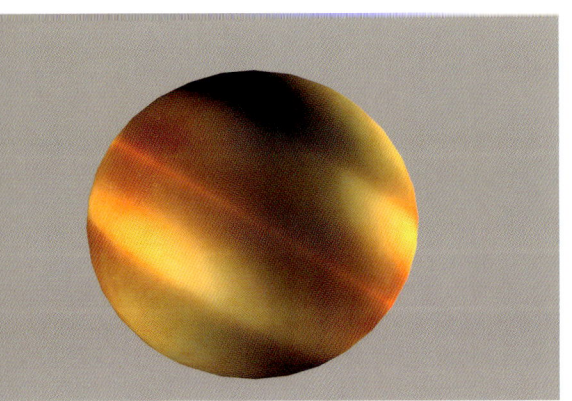

和田玉珠（三维复原色彩图）·西周晚期　　和田青玉珠（三维复原色彩图）·西周

由表 4-8 可见，从时代上看，典当行的和田玉古代和当代的都有见，但是以明清、民国和当代为主，高古玉实在是太罕见了。从品种上看，典当行的和田玉各种品种都有见。如羊脂白、白玉、糖玉、青白玉、青玉、黄玉、碧玉、青花、翠青、烟青、墨玉等都有见。从数量上看，古代和田玉的数量极少，当代和田玉的数量比较多，是典当行的主流销售产品。从品质上看，典当行内的古代和田玉以优质和普通者为常见，当代和田玉品质上主要以优质料为主，普通者也有见。从体积上看，古代和田玉的体积一般都比较小，很少见到大器，当代和田玉则是大小兼备。从检测上看，典当行内的古代和田玉制品多数无检测证书，而当代和田玉检测证书则是比较普遍。

和田镂空青玉璜·西周

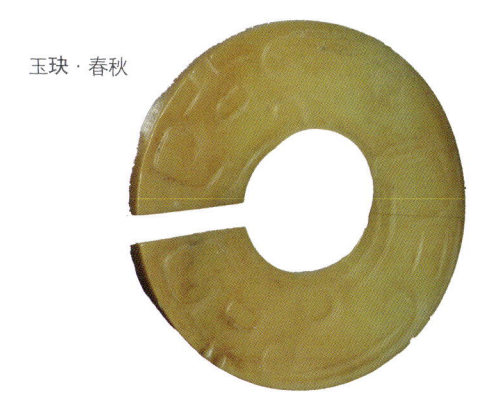

玉玦·春秋

第二节　评价格

一、市场参考价

　　和田玉具有很高的保值和升值功能。
不过，和田玉器的价格与时代以及工艺的关系密
切。和田玉虽然在新石器时代就有见，但是普及的时间是在商周时
期以后，直至明清，当代也是最为流行。在整个和田玉史当中，以古
代玉礼器为上，一般人都以能够收藏到商周玉礼器为荣。而明清和
田玉则多是入门级。这是因为，和田玉礼器在制作时不计工本，工艺
上达到了相当高的水平。因此，其价格可谓是一路所向披靡，青云直
上九重天。如多数玉礼器和田玉价格几百万者常见。但明清和田玉
器通常在几千到几万元之间，价格比较低。这是由于其数量比较多，

和田玉青海料黄口料山子摆件

沁色严重和田玉碗（三维复原色彩图）·西周

工艺普遍不如商周和田玉。可见大多数明清和田玉在价格上总体还不是特别高。当代和田玉的价格也是依据品质而高低不同。由上可见，和田玉的参考价格也比较复杂。下面让我们来看一下和田玉主要的价格。但是，这个价格只是一个参考，因为本书所介绍的是已经抽象过的价格，是研究用的价格，实际上已经隐去了该行业的商业机密。如有雷同，纯属巧合，仅仅是给读者一个参考而已。

西周 玉串饰：66 万～ 96 万元	当代 和田碧玉龙凤对牌：12 万～ 18 万元
西周 玉马：26 万～ 36 万元	当代 和田玉青花牌：2.5 万～ 3.5 万元
西周 玉琮：17 万～ 19 万元	当代 和田墨玉挂牌：5.8 万～ 7.8 万元
西周 玉牛：16 万～ 26 万元	当代 和田青白玉山料挂牌：2 万～ 3 万元
汉 和田玉摆件：300 万～ 460 万元	当代 和田碧玉方牌：4 万～ 6 万元
汉 和田玉炉：2600 万～ 2800 万元	当代 和田碧玉挂件：2.3 万～ 3.6 万元
明 和田羊脂白玉观音：2800 万～ 3800 万元	当代 和田青玉挂件：2.6 万～ 3.8 万元
清 和田白玉观音：300 万～ 360 万元	当代 和田糖玉挂件：3.6 万～ 5.6 万元
清 和田青玉观音：3 万～ 18 万元	当代 和田玉青花挂件：6 万～ 8 万元
当代 和田白玉籽料把件：88 万～ 120 万元	当代 和田羊脂白玉挂件12 万～ 16 万元
当代 和田玉籽料把件：8.8 万～ 18 万元	当代 和田玉白玉挂件：6 万～ 8 万元
当代 和田碧玉坠：0.6 万～ 3.9 万元	当代 和田玉籽料关公挂牌：8.5 万～ 9.5 万元
当代 和田碧玉福瓜手把件：6.6 万～ 9.8 万元	当代 和田玉仙鹤挂件：6.5 万～ 8.8 万元
当代 和田青白玉手把件：5.5 万～ 8.6 万元	当代 和田玉籽料挂件：3.5 万～ 6.5 万元
当代 和田白玉貔貅手把件：9.5 万～ 16 万元	当代 和田玉雕件：3.8 万～ 5.2 万元
当代 和田玉籽料牌：20 万～ 28 万元	当代 和田青玉摆件：5.8 万～ 8.8 万元
当代 和田白玉牌：9.8 万～ 15.8 万元	当代 和田青白玉摆件：9.8 万～ 16 万元
当代 和田糖玉牌：6 万～ 9 万元	当代 和田玉印：13.5 万～ 17.6 万元
当代 和田青玉牌：0.6 万～ 1.6 万元	当代 和田白玉壶：17.8 万～ 26 万元
当代 和田青白玉籽料挂牌：6 万～ 8 万元	当代 和田玉籽料手串：2 万～ 3.5 万元
当代 和田青玉生肖牌：0.8 万～ 1.3 万元	当代 和田玉配红珊瑚耳环：16 万～ 18 万元

二、砍价技巧

　　砍价是一种技巧，但并不是根本性商业活动，它的目的就是与对方讨价还价，找到对自己最有利的因素。但从根本上讲，砍价只是一种技巧，理论上只能将虚高的价格砍下来。但当接近成本时显然是无法再砍价的，所以

和田玉玦·西周

忽略和田玉的时代及工艺水平来砍价，结果可能不会太理想。通常和田玉的砍价主要有这几个方面：一是品相，和田玉在经历了岁月长河之后大多数已经残缺不全，但一些好的和田玉今日依然是可以完整保存，正如我们在博物馆看到的西周和田玉一样，熠熠生辉，映出人影。但一般情况下这些古玉都有沁色，而我们在砍价时就是要搞清楚究竟是缺陷，还是沁色。因为沁色是岁月特别留下的痕迹，为人们所欣赏，而污渍则是缺陷。二是玉质，玉质是判断玉

和田玉俄料白玉带糖执壶（三维复原色彩图）

和田玉青海料青玉平安扣　　　　　　　　和田青海料白玉观音

器优良程度的重要标准。无论中国古代还是当代，玉器的玉质都是以和田玉为重。古玉当中的和田玉都是新疆和田玉，其质地优良，主要的判断标准应该是净度、色彩等；而当代和田玉的概念则比较复杂，需要判断的东西很多。首先是产地，因为现在和田玉是一个广义的概念，不仅新疆和田玉称之为和田玉，和田玉青海昆仑料、俄罗斯料，甚至是韩国料都可以称之为和田玉。而它们之间的价格区别很大。如果我们在购买时能够准确地认识玉质，则自然可以成为砍价的利器。从精致程度上看，和田玉的精致程度则主要为不计算工本的玉礼器和陈设装饰玉器的区别。玉礼器由于不计工本自然都是精致器皿；而陈设装饰玉则可以分为精致、普通、粗糙3个等级，那么其价格也是根据等级参差不同。所以，将自己要购买的和田玉纳入相应的等级，这是砍价的基础。总之，和田玉的砍价技巧涉及时代、做工、玉质、大小、净度等诸多方面，从中找出缺陷，必将成为砍价利器。

和田青玉镀金回纹执壶（三维复原色彩图）

和田青玉执壶
（三维复原色彩图）·西周晚期

第三节 懂保养

一、清 洗

　　清洗是收藏到和田玉之后很多人要进行的一项工作，目的就是要把和田玉表面及其断裂面的灰土和污垢清除干净。但在清洗的过程当中，首先要保护和田玉不受到伤害。一般不采用直接放入水中来进行清洗，因为自来水中的多种有害物质会使和田玉表面受到伤害。通常是用纯净水清洗和田玉，待到土蚀完全溶解后，再用棉球将其擦拭干净。建议个人最好不要清洗珍贵的古玉，遇到未除干净的土蚀，可以用牛角刀进行试探性地剔除，如果还未洗净，请送交文物专业修复机构进行处理。千万不要强行剔除，以免划伤和田玉。

和田玉白玉佛

和田青玉镯（三维复原色彩图）·西周

精美绝伦龙纹玉玦·西周

二、修 复

　　和田玉历经沧桑风雨，大多数都需
要修复。修复主要包括拼接和配补两部分。
拼接就是用黏合剂把破碎的和田玉片重新黏合起
来。拼接工作十分复杂，有时想把它们重新黏合起来也十分困难。
一般情况下，主要是根据共同点进行组合。如根据碎片的形状、纹
饰等特点，逐块进行拼对，最好再进行调整。配补只有在特别需要
的情况下才进行，一般情况下拼接完成就已经完成了考古修复。只
有商业修复才将和田玉配补到原来的形状。通常情况下修复多是对
于古玉器而言，当代玉器由于是商品，都比较完整，修复的情况不
多见。

云纹玉璧·春秋

和田玉俄料白玉吊坠

和田青玉镯（三维复原色彩图）·西周

和田玉青海料白玉观音

三、防止加热

　　玉器在很多情况下，特别是传统的修复方法在很多情况下都会提到加热。这是一种很危险的现象，因为加热是玉器作伪的重要手法，有煮玉、烤玉等，但无论是哪一种都必须要将玉器先加热。只有在加热的情况下，外部的一些色彩，特别是作伪的一些色彩才能沁入胎骨之内。那么，盘玉的时候，对象是古玉器，是精美绝伦的历史遗物，所以说不需要对其进行加热。但是有很多的收藏者急于求成，在急盘的时候往往将玉器加热，特别是使用煮玉的方法比较多。这样，会对玉器造成不必要的损失，会改变玉器本来温润的玉质，不仅达不到盘玉的效果，而且会损伤玉器。

这是在盘玉过程当中应当有的禁忌。当代和田玉要避免长期放置在太阳光下暴晒，防止放置到距离火炉近的地方。

和田玉青海黄口料执壶（三维复原色彩图）

四、预防性保护

中国古代玉器由于其本身是石质的，所以很容易受到污染的影响。在长期的流传保存过程当中，由于环境的变化、营力的侵蚀、容易破坏等因素导致了中国古代玉器物质成分、结构构造等，会发生一系列不利于本身安全的变化。因此，在这样的情况下，就需要我们来进行一些预防性的保护，而不能等到玉器已经出现损害以后，再去修复它。这一概念也是目前国际上比较流行的洁净概念。它的特点是稳定性好，主要是温湿度的平衡，防止出现大的波动。另外就是要使古玉器不受到来自于空气、保存环境、把玩、包装运输等各个环节的污染，使各个环境中的污染物含量不要超过标准。当代玉器的保护程序没有这么严格，但也要做好预防性的保护，至少在把玩玉器时需要拿棉垫衬托。

两面磨光玉璧·西周晚期

和田玉青海料青玉平安扣

五、日常维护

　　和田玉日常维护的第一步是进行测量，即对和田玉的长度、高度、厚度等有效数据进行测量。目的很明确，就是对和田玉进行研究，以及防止被盗或是被调换。第二步是进行拍照，如正视图、俯视图和侧视图等，给和田玉保留一个完整的影像资料。第三步是建卡，和田玉收藏当中很多机构，如博物馆等，通常给和田玉建立卡片。卡片登记内容如名称，包括原来的名称和现在的名称，以及规范的名称；其次是年代，就是这件和田玉的制造年代、考古学年代，还有质地、功能、工艺技法、形态特征等的详细文字描述。这样，我们就完成了对古和田玉收藏最基本的特征的登记。第四步是建账，机构收藏的和田玉，如博物馆通常在测量、拍照、卡片、包括绘图等完成以后，还需要入国家财产总登记账和分类账两种，一式一份，不能复制。主要内容是将文物编号，有总登记号、名称、年代、质地、数量、尺寸、级别、完残程度，以及入藏日期等。总登记账要求有电子和纸质两种，是文物的基本账册。藏品分类账也是由总登记号、分类号、名称、年代、质地等组成，以备查阅。第五步是防止磕碰。和田玉的保养，防止磕碰是一项很重要的工作。和田玉容易摔裂，运输需要独立包装，避免碰撞。

和田玉青海料青玉镯（三维复原色彩图）

六、相对温度

和田玉的保养，室内温度也很重要，特别是对于经过修复复原的和田玉，温度尤为重要。因为一般情况下黏合剂都有其温度的最佳界限，如果超出就很容易出现黏合不紧密的现象。一般库房温度应保持在 20 ～ 25 摄氏度。这个温度较为适宜，我们在保存时注意就可以了。

七、相对湿度

和田玉在相对湿度上一般应保持在 30% ～ 70% 之间，如果相对湿度过大，玉容易受沁，对保存不利；同时也不易过于干燥。保管时还应注意根据和田玉的具体情况来适度调整相对湿度。

和田玉俄料碧玉镯（三维复原色彩图）

和田玉青海料紫罗兰镯（三维复原色彩图）

和田玉青海料青玉平安扣

第四节　市场趋势

一、价值判断

价值判断就是评价值，我们前面所作的很多的工作，就是要做到能够评判价值。在评判价值的过程中，也许一件和田玉有很多的价值，但一般来讲我们要能够判断和田玉的三大价值。即研究价值、艺术价值、经济价值。当然，这三大价值是建立在诸多鉴定要点的基础之上的。研究价值主要是指在科研上的价值。我们知道，古代自商周以来，和田玉便是玉器的主体。古人包括当代人们认为和田玉无疑是最优秀的玉种。如硬度大、不起棉、色稳定、细腻、温润等。也正是由于和田玉自身优秀的特质，人们对于和田玉或雕或琢，不同时代的精品力作频现。这些玉器寄托着人们的喜怒哀乐，承载着无与伦比的众多历史信息。古和田玉使我们可以窥视到已经逝去的古代社会的点点滴滴，具有很高的历史研究价值等。对于历史学、考古、人类学、博物馆学、民族学、文物学等诸多领域都有着重要

琥珀单珠、唐三彩壶、西周和田玉镯（三维复原图）

青白玉镯（三维复原色彩图）·清代

和田玉镯（三维复原色彩图）·西周晚期

的研究价值，日益成为人们关注的焦点。和田玉在艺术上的价值成就极大。这一点，无论是自商周至春秋时期中原地区玉器文明，还是自春秋战国直至当代的陈设装饰玉器文明当中都是这样。中原地区玉器文明中的玉器多为玉礼器，象征着权力与等级，是统治阶级"明尊卑、别贵贱"的标志，所以不计工本的琢磨。多数玉器在造型艺术、纹饰艺术、书法艺术等各个方面都达到了极致，是同时期艺术水平的象征。陈设装饰玉时代的玉器人们抛弃了礼制的束缚，玉器在设计、雕琢手法等各个方面更加多样化，人们可以随心所欲地将自己的思想倾洒于玉器之上。总之，在和田玉漫长的历史长河中，有许多艺术真品，具有较高的艺术价值，而我们收藏的目的之一就是要挖掘这些艺术价值。另外，和田玉在其研究和艺术价值的基础之上自然也具有了很高的经济价值，且研究价值、艺术价值、经济价值互为支撑，相辅相成，呈现出正比关系。研究价值和艺术价值越高，经济价值就会越高；反之，经济价值则逐渐降低。另外，和田玉的价值还受到"物以稀为贵"、玉质优劣、雕工、完残等诸多要素的影响。

二、保值与升值

和田玉有着悠久的历史，在商代就已经产生，西周时期就已经占据绝对主流地位，唐宋以后，直至明清，历史上每个不同的历史时期都流行和田玉，但主要以玉礼器和陈设装饰玉时代的精品力作为重。从和田玉收藏的历史来看，和田玉是一种盛世的收藏品。在战争和动荡的年代，人们对于和田玉的追求凤愿会降低，而盛世，人们对文玩的情结通常水涨船高，和田玉会受到人们追捧，特别是对高品质的和田玉。近些年来，股市低迷、楼市不稳有所加剧，越

青玉琮·西周

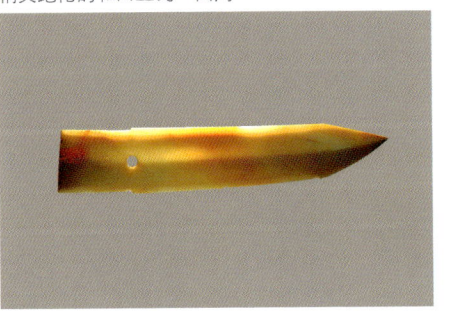

精美绝伦的和田玉戈·西周

精美绝伦和田白玉蝉·西周

来越多的人把目光投向了和田玉收藏市场。在这种背景之下，和田玉与资本结缘，成为资本追逐的对象，高品质的和田玉的价格扶摇直上，升值数十上百倍，而且这一趋势依然在迅猛发展。从数量上看，现在在新疆和田玉的产地已经很难找到大块石料，新疆和田玉早已"物以稀为贵"，具有很强的保值、升值的功能。和田玉当中的青海料、俄料等优质料也是十分匮乏。加之，人们对于和田玉的消费量巨大，所以"物以稀为贵"局面并未得到改变。因此，其广义和田玉当中的精品保值、升值的功能也会进一步增强。

参考文献

[1] 苏州博物馆，昆山市文化局，千灯镇人民政府. 江苏昆山市少卿山遗址的发掘 [J]. 考古 ,2000(4):32-49.

[2] 姚江波. 中国古代玉器鉴定 [M]. 长沙：湖南美术出版社 ,2009.

[3] 王玉哲. 中国古代物质文化 [M]. 北京：高等教育出版社 ,1990.

[4] 河南省文物考古研究所，三门峡文物工作队. 三门峡虢国墓（一卷）[M]. 北京：文物出版社 ,1999(12).

[5] 杨伯达. 春秋战国玉器. 中国大百科全书·博物馆卷 [M]. 北京：中国大百科全书出版社 ,2002.

[6] 中国社会科学院考古研究所洛阳唐城队. 河南洛阳市中州路北东周墓葬的清理 [J]. 考古 ,2002(12).

[7] 广西壮族自治区文物工作队，合浦县博物馆. 广西合浦县九只岭东汉墓 [J]. 考古 ,2003(10).

[8] 中国社会科学院考古研究所四川工作队，松潘县文物管理所. 四川松潘县松林坡唐代墓葬的清理 [J]. 考古 ,1998(1).

[9] 中国社会科学院考古研究所内蒙古工作队，内蒙古文物考古研究所. 内蒙古扎鲁特旗浩特花辽代壁画墓 [J]. 考古 ,2003(1).

[10] 中国社会科学院考古研究所山东工作队. 山东滕州市前掌大商周墓地 1998 年发掘简报简介 [J]. 考古 ,2000(7).

[11] 姚江波. 虢国玉璜 [N]. 人民日报·市场报 ,2001(3).

[12] 姚江波. 虢国玉玦 [N]. 人民日报·市场报 ,2001(4).

[13] 姚江波. 中国古代铜镜赏玩 [M]. 长沙：湖南美术出版社 ,2006.

[14] 杨伯达. 明清玉器. 中国大百科全书. 博物馆卷 [M]. 北京：中国大百科出版社 ,1993.

[15] 董树茂. 专家考证红山文化玉器多时岫岩玉 [N]. 千山日报 ,2003(5).